Barbara Wardeck-Mohr

Team-Coaching Mensch – Hund
Wege zur erfolgreichen Kommunikation

Müller Rüschlikon

IMPRESSUM

Einbandgestaltung: Kornelia Erlewein
Titelfotos und Foto auf der Umschlagrückseite: Barbara Wardeck-Mohr

ISBN 978-3-275-01911-3

Postfach 103743, 70032 Stuttgart
Ein Unternehmen der Paul Pietsch Verlage GmbH & Co. KG
Lizenznehmer der Bucheli Verlags AG, Baarerstr. 43, CH-6304 Zug

1. Auflage 2013

Sie finden uns im Internet unter **www.mueller-rueschlikon-verlag.de**

Lektorat: Claudia König
Druck und Bindung: LEGO s.p.A., 36100 Vicenza
Printed in Italy

INHALT

KAPITEL 11

KAPITEL 12

KAPITEL 13

KAPITEL 14

Prolog

Hommage an den besten Freund GRANDSON! Geliebter Freund – treuer Gefährte!

An Deiner Seite lernte ich Liebe ohne Buchführung und Du kehrtest gewiss die besseren Seiten aus mir hervor, die es sonst so ohne Dich nie gegeben hätte!
Unser gemeinsames Leben war eine große Reise, ein wunderbares Abenteuer und jeder Tag mit Dir war ein Geschenk.
Du hast mich begleitet auf die Gipfel hoher Berge. Auf unzähligen Bergtouren haben wir in der Sonne gelegen zwischen Enzianen, Bergschmetterlingen und Murmeltieren und haben unsere Pausenbrote gemeinsam verdrückt; haben in grünblauen Bergseen zusammen gebadet und uns anschließend die Kälte wieder aus den Gliedern geschüttelt. Du liebtest ja das Wasser, das Eis und den Schnee. Deshalb sprangst Du auch so gerne in die holzgeschnitzten Tränken und Brunnen in den Schweizer Bergen und hattest eine besondere Freude, darin herumzutollen und die umstehenden Leute so richtig nass zu machen …!

Du warst mein wundervoller Begleiter in den Loipen Mitteleuropas und bei Siegerehrungen standest Du mit mir auf dem Podest!

Und denk' an unsere vielen Nachtwanderungen unterm Sternenhimmel bei Vollmond im Schnee! War das nicht herrlich! Und manchmal stob auch die Rhätische Bahn in den Tälern an uns vorbei: Dabei wirbelte sie rasant den Schnee auf … Und niemals werde ich vergessen, wie Du als junger Welpe in Kandersteg Deine erste große Liebe in dem Labrador-Mädchen EBONY fandest: Ihr Beide, zwei wundervolle Labradorhunde mit glänzendem schwarzem Fell! Und wie Du dann Dein erstes Osterkonzert in der Dorfkirche mit den ungewohnten Orgelklängen gemeistert hast, so wie der Pfarrer es Dir zugetraut hatte, als er sagte: »Selbstverständlich kann der junge Freund mit ins Konzert … ich habe hier noch einen Hund, der kommt jeden Sonntag stets mit in die Andacht.« Und so bleibt mir nur der Dank, die Liebe und das Glück der Erinnerung: GRANDSON! Geliebter Freund, treuer Gefährte …

GRANDSON

Einführung

Menschen und ihre Hunde – Betrachtungen zu Teambeziehungen

Es ist immer wieder eine Offenbarung, die Besonderheiten und Qualität von Teambeziehungen zwischen Menschen und ihren Hunden zu beobachten! Selbstverständlich können diese – wie bei uns Menschen – sehr unterschiedlich sein.

Wir erleben auch unter uns Zweibeinern facettenreichste Teamkonstellationen: Solche, in denen sich Teammitglieder mit Respekt begegnen, sich gegenseitig im Team unterstützen oder aber auch solche, in denen sich Personen bekämpfen, mobben oder sogar »an den Kragen gehen«. Bei manchen Teams halten sich Teamplayer an Spielregeln, bei anderen wird gegen diese verstoßen oder es gibt sie erst gar nicht: Jeder macht, was er will. Schauen wir uns nun verschiedene Hund-Mensch-Gespanne an, so denken wir in manchen Fällen bereits bei der bloßen Beobachtung: »Hier möchte ich selbst niemals Hund sein!« Beispielsweise dann, wenn ein griesgrämig dreinblickender Zeitgenosse seinen Hund hinter sich herschleift, ihn jedes Mal, wenn er einmal »Zeitung lesen möchte« – sprich etwas beschnüffelt –, per Leinenruck und in harschem Ton anfahrend, wütend wegzerrt. Ebenso in solchen Fällen, wo Hundehalter ihren besten Freund an der äußersten Bordsteinkante einer hoch frequentierten Hauptstraße an einer langen Leine führen und jeder Schwertransporter den Hund im Zentimeterabstand passiert … Dann bleibt uns vor Angst um den Hund fast das Herz stehen.

Ganz anders hingegen jene Hundeführer, die ihren sorgfältig angeleinten Hund – den räumlichen Gegebenheiten angepasst – an der abgekehrten Seite zur Straße führen, entspannt auf den Hund achten, aber auch auf Passanten, damit diese sich nicht durch den Hund belästigt fühlen. Beliebig lassen sich diese Beispiele fortsetzen: Überall dort, wo wir Mensch-Hund-Teams begegnen, können wir bedeutende individuelle Unterschiede erkennen, die häufig auch viel über die Persönlichkeitsstruktur des Halters aussagen: Etwa, wenn ein Hundehalter seinen Hund »zutextet«, der Hund die aus seiner Sicht »völlig verwirrten und sich widersprechenden Kommandos« seines Halters selbstverständlich nicht befolgt und der Hundehalter dies in der Öffentlichkeit oder im Beisein von Bekannten noch als Kränkung und Autoritätsverlust gegenüber seinem Hund interpretiert! Demzufolge – und seiner Persönlichkeitsstruktur entsprechend – den armen Hund beschimpft »er sei undankbar und würde nicht einmal die einfachsten Kommandos verstehen«, obwohl er – der Hundehalter – sich alle erdenkliche Mühe mit ihm über Jahre gegeben hätte. Besonders »erfreulich« müssen aus Hundesicht auch jene Teamkonstellationen sein (Teams können ja aus einer ganzen Familie bestehen), in dem jedes Teammitglied dem Hund gleichzeitig unterschiedliche Botschaften vermittelt, die da wären: »Komm, bleib, sitz, platz, auf geht's, nein, leg' dich hin!« Nichts geht doch über innere Klarheit bei Kommunikationsprozessen! Aber wie oft fehlt diese leider? Aber selbst wenn Hundehalter versuchen, liebe- und rücksichtsvoll mit ihrem Hund umzugehen, ist das noch kein Garant für ein gelingendes Mensch-Hund-Team! Denn es braucht einiges mehr, damit wir uns als Zweibeiner zum guten Sozial- und Dialogpartner für unsere Hunde qualifizieren. Zum Beispiel – neben unabdingbaren Grundkenntnissen aus der Verhaltensbiologie von Hunden – ist es diese besagte gute und präzise Kommunikation. Ohne diese kann es eben kein erfolgreiches Team geben! Weder unter uns Menschen, noch in der artübergreifenden Kommunikation zwischen Mensch und Hund. Und das ist gar nicht so leicht! Jeder von uns weiß aus eigener Erfahrung, wie schwierig und missverständlich Kommunikation selbst unter uns Menschen sein kann! Selbst da, wo man es überhaupt nicht erwartet, geschehen immer wieder »Kommunikationsunfälle«.

1

Supersymbiose Mensch-Hund – Zur Entstehung unserer Hunde

Dingos auf der Eberhard Trumler-Station Wolfswinkel.

Längst ist wissenschaftlich bewiesen: Keine andere Art versteht uns Menschen so gut wie unsere Hunde! Die kommunikativen Voraussetzungen im gegenseitigen Verstehen sind einzigartig. Und damit ist eine ganz wesentliche Basis für ein erfolgreiches Mensch-Hund-Team bereits vorhanden; dies sofern wir als Menschen begreifen, was zu einem guten Team dazugehört. Auf welchen Voraussetzungen aber beruht dieses exzellente gegenseitige Verstehen? Unsere Hunde stammen allesamt vom Wolf beziehungsweise seinen wölfischen Unterarten ab. Die aktuelle Forschung geht dabei (nach der Mitochondrial DNA-Methode) von dreizehn lebenden und zwei ausgestorbenen Unterarten des Wolfes aus.

1.1 Keine Zähmung des Wolfes!

Auf einer langen Zeitachse bei der Entwicklung vom Wolf zum Hund (einige Quellen gehen sogar von 135.000 Jahren aus), begann alles zunächst mit der Habituation, also dem Anschluss und dem langen Prozess des gegenseitigen Kennenlernens von Wölfen an uns Menschen und umgekehrt. Diese Zeitphase währte nach Quellenangaben um die 100.000 Jahre. Dabei schlossen sich Wölfe uns Menschen zunächst freiwillig an, und erst in einer viel späteren Phase fand eine Selektion nach Zahmheit und Zutraulichkeit der Wölfe statt; dieses als Grundvoraussetzung für das Zusammenleben und als entscheidende Merkmale von unseren Haushunden.

Vom Wolf zum Hund

Nach der Phase der Habituation von Wölfen fand ein neuer Entwicklungsabschnitt statt: Die Domestikationsphase, in der allmählich der Hund entstand, das älteste Haustier des Menschen. Aber schon deren Beginn ist in der Wissenschaft heftig umstritten: Verschiedenste Arbeitshypothesen hierüber variieren zwischen 12.000 und 20.000 Jahren.

Keine Zähmung des Wolfes!

Die Theorie dahingehend, dass Menschen vor etwa 15.000 Jahren begannen, Wölfe zu zähmen, indem sie wilde Wolfswelpen von Hand aufzogen, zähmten und sich aus Verpaarungen der gezähmten Wölfe dann der Hund entwickelte, ist unhaltbar! Weshalb?

1. Wölfe sind und bleiben Wildtiere.
2. Als Jungtiere können sie aufgezogen und »gezähmt« werden, zeigen mit der Geschlechtsreife aber eindeutig Wildtierverhalten, mit allen Gesetzen von Wolfsverhalten.
3. Damit wird auch die »Zahmheit« von Wolfswelpen nicht direkt an ihre nächste Nachkommenschaft vererbt.
4. Es ist sehr zeitintensiv, Wölfe mit Menschen zu sozialisieren. Und außerdem steht hierfür nur eine kurze Zeitspanne zur Verfügung: Nämlich während die Wölfe noch im Welpenalter sind.

Wolfspark Werner Freund in Merzig mit sieben Wolfsgehegen sowie jeweils einem Aufzucht- bzw. Reservegehege.

Stellt man sich nun die Bedingungen in der Steinzeit vor, so fehlten zum einen sämtliche heutige wissenschaftliche Kenntnisse und ganz wesentlich ist weiterhin:

1. Nur Wölfe mit geringer Neigung zum Fluchtverhalten suchen menschliche Siedlungen respektive Behausungen auf!
2. Für gezielte Verpaarungen dieser Wölfe hätte der Steinzeitmensch diese Tiere erkennen und selektieren müssen. Und was noch schwieriger ist:
3. Er hätte sie einfangen und anschließend in eingezäunten Arealen halten müssen.
4. Falls dann diese Wölfe Nachwuchs gehabt hätten, hätten diese Selektionen fortgesetzt werden müssen.

Gab es überhaupt Gründe dafür, Wölfe zähmen zu wollen?

1. Wolf und Mensch waren zunächst eher Feinde, zumindest aber Nahrungskonkurrenten!
2. Für eine »Zähmung« von Wölfen hätten Menschen – neben dem fehlenden Wissen – auch intensiven Ressourcenaufwand beziehungsweise Energie investieren müssen.
3. Wölfe eignen sich außerdem nicht zum Wachen oder zum Hüten! Ein Bellverhalten wie bei Hunden scheidet aus! Wölfe zeigen es nur ganz spärlich.
4. Einem adulten Wolf Beute wegzunehmen, um sie mit ihm zu teilen, ist keine empfehlenswerte Strategie!
5. Das Lernverhalten von Wölfen kann keinesfalls mit dem von Hunden verglichen werden! Selbst Gehege-Wölfe lassen sich nicht »abrichten.«
6. Wölfe jagen gemeinsam in ihrem Rudel, haben aber überhaupt kein »Interesse«, mit Menschen zu jagen und mit ihnen zu kooperieren!

1.2 Voraussetzungen zur Entstehung des Hundes: Geringe Fluchtdistanz und Zutraulichkeit von Wölfen

Erste Siedlungen errichteten Menschen für ein sesshaftes Leben erst, als sie ein nomadisches Leben als Jäger und Sammler aufgaben. Damit wurde es notwendig, Landwirtschaft, Ackerbau und Tierhaltung zu betreiben. Das hatte auch im Umfeld der Siedlungen für die in der Umgebung lebenden Wölfe erhebliche Folgen beziehungsweise auch Vorteile

Nun tat sich für die Wölfe eine neue ökologische Nische auf, in der für sie ständig allerlei Fressbares anfiel. Nutzen konnten diese neue Lebensnische insbesondere zutrauliche Wölfe mit geringer Fluchtdistanz. Ganz anders lagen die Dinge für die scheuen Wölfe: Diese fühlten sich weitgehend immer wieder gestört und flüchteten. Möglich ist auch die Abwanderung vieler dieser scheuen Tiere. Eine ganz andere Ökonomie betrieben ihre zutraulicheren Artgenossen, die sich von der Nähe des Menschen weniger stören ließen. Sie konnten ihre Energie für die Jagd und das Beutemachen weitgehend sparen, verloren auch weniger Energie für lange kräftezehrende Beutezüge oder für Fluchtaktionen. Sie konnten zusätzlich von den vorhandenen Ressourcen mehr für sich sichern. Dies konnte auch ein Vorteil für das Überleben ihrer Nachkommenschaft sein. In dieser Phase, die über jahrzehntausende von Jahren dauerte und die in kleinsten Etappen eine Annäherung zwischen Wolf und Mensch brachte, lernten sich beide Arten über Beobachtung und Erfahrungen immer besser kennen. Hierdurch änderte sich auch das wölfische Verhalten als Jäger immer stärker, da die Wölfe nun zunehmend wussten, wie sie in der Nähe und direkten Umgebung menschlicher Siedlungen überleben konnten, auch ohne zu jagen. Sicherlich wurden im Laufe der Zeit auch immer wieder einmal verwaiste Wolfswelpen von Menschen mit in die Siedlung gebracht und dort aufgezogen. Aber als Spielgefährten für Menschenkinder konnten nur jene Wolfswelpen überleben, die zutraulich waren und den Kindern nichts antaten.

Es war demzufolge eine ganz wesentliche Grundvoraussetzung für Wölfe, dass sie zutraulich und sozialverträglich waren und zudem eine geringe Fluchtdistanz zeigten. Es sind zu einer Artbildung ganze Populationen erforderlich, keinesfalls nur einige wenige Individuen. Und so werden die genetischen Eigenschaften einer Art nur in einem sehr langen, kontinuierlichen Prozess verändert. Dabei werden bestimmte Merkmale durch andere jeweils ersetzt. Das setzt voraus, dass sich Gene durchsetzen, die in einem bestimmten Umfeld Vorteile mit sich bringen und diese damit die Anzahl der Nachkommen erhöhen und sich somit ein neues Merkmal verbreiten kann. In der ersten Phase zur Entstehung des Hundes handelte es sich zunächst noch um wilde Tiere, die sich kaum von Wölfen unterschieden. Aber sie lebten bereits in einem losen Gefüge oder Zusammenschluss mit Menschen. Erst viel später wurden sie schließlich domestiziert. Nur in ihrem Verhalten traten

Veränderungen ein. Damit einher gingen, aber auch optische Veränderungen und Merkmale, wie bei Ohren, Rute oder über (gescheckte) Fellfarben.

Der russische Genetiker Dimitrij Belyaev weist in seinen Arbeiten darauf hin, dass verschiedene äußerliche Merkmale mit zum Beispiel auch zahmen Wesensmerkmalen nicht nur bei Hunden genetisch gekoppelt sind. In seinen Versuchen wollte Belyaev zahme Füchse für eine Pelzfarm züchten. Bereits nach nur wenigen Generationen der Selektion zeigten auch diese Füchse Merkmale, wie sie auch für unsere Haushunde typisch sind: Zutraulichkeit und Zahmheit! Langsam trennten sich Wolfspopulationen in die Gruppe der den Menschen zugewandten Wölfe und in die Gruppe der Wölfe als Wildtiere wie bisher.

Bei Wölfen und Hunden sieht es faktisch so aus, dass es sich am Ende des Entwicklungsprozesses um zwei getrennte Arten handelte, die in unterschiedlichen eigenen Nischen lebten. Der Hund ist eine eigenständige neue Art, auch wenn er in etwa noch 70 % der Genetik des Wolfes besitzt!

1.3 Historische Entwicklung der Hunderassen

Über die Jahrtausende verbreitete sich damit einhergehend eine neue genetische Veranlagung, die im Kontext zu den neuen Lebensgewohnheiten und dem veränderten Verhalten der Wölfe stand. Aber auch die Genetik des Menschen wurde durch diese wechselseitige Beziehung mit und zu den Wölfen und später zu den Hunden beeinflusst. Hiervon geht die Wissenschaft heute aus und erklärt damit auch die ungewöhnliche Fähigkeit im gegenseitigen Verstehen von Menschen und Hunden. Aktuelle Forschungen, wie zum Beispiel vom Max-Planck-Institut in Leipzig, zeigen eindeutig, dass Hunde auch die Gesten oder die Mimik fremder Menschen weitgehend richtig deuten können. Die Quote des richtigen Verstehens liegt demnach bei neun von elf seitens der Probanden-Hunde, während Schimpansen menschliche Gesten nur im umgekehrten Verhältnis – also zwei Richtige von elf – deuten können!

1.4 Die Vielfalt des Wolfserbes: Hohe Varianz bei den Hunderassen

Wenn wir heute weltweit etwa 800 Hunderassen zu verzeichnen haben – mit unterschiedlichsten Erscheinungsbildern hinsichtlich Fellfarben, Größe oder hinsichtlich morphologischer Merkmale, stellt sich häufig die Frage, wie es überhaupt zu solchen unterschiedlichen Exterieurs kommen konnte. Zuchtselektionen sind das eine, aber die genetischen Voraussetzungen das andere. Die Wolfsunterarten mussten sich auf den verschiedenen Kontinenten, zum Beispiel in Alaska, in Wüstenregionen oder in Indien an unterschiedlichste Bedingungen anpassen, seien sie nun klimatischer Natur oder hinsichtlich der Nahrungsangebote, um zu überleben.

Nehmen wir als Beispiel die meist dunklen Timber-Wölfe, die weißen Polarwölfe oder die grau-braun-weißen iberischen Wölfe, so zeigt sich auch optisch eine unglaubliche Varianz – Basis für die Vielfalt und Varianz auch bei den Hunderassen.

Die Welt der Hunde ist äußerst differenziert. Hunde zeigen eine hohe Varianz an Verhalten und beim Exterieur.

Zum Begriff der Hunderasse

Bei unseren Haushunden sprechen wir von einer Rasse, wenn sie als solche definiert wurde, meist durch einen Zuchtverband oder durch einen Züchter beziehungsweise auch durch eine Einzelperson. Bei den Rassedefinitionen bestehen zudem Interpretations- und Definitionsspielräume!

Dazu die Definition von W. Herre, nachzulesen in der Publikation von Hans Räber »Vom Wolf zum Rassehund«: »Rassen sind vom Menschen in sexueller Isolation gehaltene, verbreitete Untereinheiten einer Art, welche sich in mehreren Merkmalen und Erbeinheiten voneinander unterscheiden. Es sind Kollektiveinheiten, deren Besonderheiten nur durch statistische Methoden wiedergegeben werden können. Dem subjektiven Ermessen bei der Umgrenzung und Merkmalsauswahl ist ein weites Feld gelassen.«

1.5 Zur Systematik der Hunderassen

Es waren bereits die alten Römer, auf die eine Unterteilung von Hunden – je nach Verwendungszweck – zurückgeht, wie etwa Wachhunde, Hirtenhunde oder Jagdhunde. Derzeit wird die kynologische Systematik von Hunderassen durch die Federation Cynologique Internationale (FCI) bei den Anerkennungsstandards von Hunderassen diktiert.

Dabei teilt die FCI-Systematik Hunderassen in zehn Gruppen ein, die wiederum in verschiedene Sektionen aufgeteilt sind, wie zum Beispiel Dachshunde, Hütehunde, Apportierhunde, Vorstehhunde, Terrier, Gesellschaftshunde oder Windhunde.

Nicht nur vor dem Hintergrund der genetischen Varianz bei Hunden drängt sich die Frage auf: »Unter welchen Voraussetzungen treten wir als Menschen überhaupt in den Dialog mit unseren Hunden – und umgekehrt unsere Hunde mit uns?«

Bei einem Welpenkurs treffen die unterschiedlichsten Hunderassen aufeinander.

Dieser Frage nachzugehen, ist insbesondere bei der »artübergreifenden Kommunikation« unabdingbar. Dabei spielt auch die Frage eine Rolle: »Woran scheitert die Kommunikation zwischen Mensch und Hund häufig?« Hat es »nur« mit mangelhaftem »Sprachverstehen« der anderen Art zu tun – oder spielt hierbei vielleicht auch ein völlig anderes Dominanzverständnis unter Hunden und Menschen eine Rolle? Dazu gehört auch zwingend die Frage: »Wie werden Hunde und Wölfe innerhalb ihres Rudels sozialisiert?« Und daran knüpft sich selbstverständlich die Frage: »Wie steht es um das soziale Lernen bei uns Menschen?«

Der Weimaraner ist ein vielseitiger Jagdgebrauchshund und gehört zu den Vorstehhunden.

2 »Artübergreifende Kommunikation« zwischen Mensch und Hund

KAPITEL 2

Ginger, Farrah und Cheyenne: Perfekte Kommunikation führt zur perfekten Teamleistung beim Apportieren.

Wohl niemand, der in China, Brasilien oder in der Mongolei seinen diplomatischen Dienst antritt, käme auf die Idee, dies gänzlich ohne jede Sprachkenntnisse der betreffenden Nation zu tun. Erstaunlicherweise tritt dieser Grundsatz aber in vielen Fällen außer Kraft, wenn es um den erfolgreichen und fachlich qualifizierten Dialog mit unseren Hunden geht. »Hundisch« lernen und sprechen ist für viele Menschen leider keine Selbstverständlichkeit! Die Ignoranz geht sogar noch weiter: So werden z. B. Vorträge und Seminare mit dem Arbeitstitel: »Wenn Wölfe oder Hunde sprechen könnten« angeboten! Wird hiermit nicht sogleich unterstellt, dass Hunde und Wölfe kein differenziertes Sprachvermögen, z. B. über ihre Vokalisation oder ihr Ausdrucksverhalten haben? Nach dieser Logik müssten wir dann auch Vorträge anbieten mit dem Arbeitstitel: »Wenn Kyrillisch oder Chinesisch Schriftsprache wäre bzw. wenn Russen und Chinesen schreiben und sprechen könnten!«

2.1 Faktoren für den Kommunikationserfolg zwischen Mensch und Hund

Für eine erfolgreiche Kommunikation zwischen Mensch und Hund ist die Berücksichtigung folgender Zusammenhänge ganz entscheidend.

1. Kommunikative Prägung und familiäres Beziehungsvorbild	
Hunde als Dialogpartner	**Menschen als Dialogpartner**
Konsequent, liebevoll, gewaltfrei	deutlich weniger konsequent und gewaltfrei
spielerisch (meist intakte Sozialisierung)	oft leistungsorientiert, weniger soziales Lernen
Vorbilder: Rudel/Sozialpartner	Vorbilder (gute/schlechte); Beziehungsgeflechte, sozioökologisches Umfeld, eher zufällige Prägung

2. Ausdrucksverhalten und Körpersprache	
Hunde als Dialogpartner	**Menschen als Dialogpartner**
Ausdrucksverhalten: **Ist die wichtigste Sprache der Hunde**	**Primat der verbalen Kommunikation; die Körpersprache ist von der Bedeutung her die zweitwichtigste Sprache des Menschen**
hoch differenziertes und klares Ausdrucksverhalten, auch über Mischausdruckszeichen	Selbstoffenbarung über verbale Sprache und über Körpersprache
Hunde kommunizieren »1 zu 1«; Hunde sagen, was sie meinen	Körpersprache häufig im Widerspruch zum Gesagten
Wichtig: Lebenslanges Lernen und Üben des Kommunikationsrepertoires	Kommunikationstraining ist ebenso für Menschen jeden Alters wichtig

3. Vokalisation und Lautsprache	
Hunde als Dialogpartner	**Menschen als Dialogpartner**
Bei Hunden und Wölfen die dem Ausdrucksverhalten nachgeordnete Sprache	Erste und häufigste Sprache des Menschen, sehr differenziert und variantenreich
4. Dominanzverhalten im Vergleich Hund und Mensch	
Dominantes Verhalten stellt bei Caniden eine ständig wechselnde, variable Kommunikationsvariante dar, ist abhängig vom Kontext und Kommunikationspartner, nicht nur zur Klärung von Rangordnung, auch zur Konflikt- bzw. Überlebensbewältigung oder als Ressourcen-Verteidigung und zur Interessenswahrung	Machtanspruch über Prestige, Hierarchie, Luxus, Militärparaden, Psychokrieg und Mobbing Dominanzanspruch von Ideologien, Kulturen, Religionen – auch über Gewaltausübung
	Völlig anderes Dominanzverständnis
5. Nachahmen von Verhalten	
Hunde ahmen nur für sie Sinnvolles nach! Sie ahmen nach, was sie zum Überleben brauchen, d.h. über selektive Imitation.	Menschen tun dies auch, sie ahmen aber auch völlig Sinnloses und für sie Schädliches nach.

6. Emotionales Repertoire

Sowohl Hunde wie auch Menschen verfügen aufgrund ähnlicher Gehirnstrukturen, wie z. B. das limbische System oder Spiegelneuronen, über ein reiches Spektrum an Gefühlen.

7. Stress- und Angstverhalten

Stressprofile sowie angst- und stressauslösende Faktoren (Stressoren) variieren ganz erheblich von Individuum zu Individuum, sei es bei Hunden oder bei uns Menschen. Sie stehen in einem engen Zusammenhang mit der Individualentwicklung (z.B. Ontogenese des Hundes), betreffend Sozialisierung, Lebens- und Lernerfahrungen oder der Gesundheit.

Ängstlich zieht sich dieser Hund in eine für ihn sichere Ecke zurück.

8. Ethogramm/Persönlichkeitsprofil	
Hunde als Dialogpartner	**Menschen als Dialogpartner**
Das Ethogramm eines Hundes beschreibt sein Verhaltensinventar, welches auch rassespezifische Varianzen zeigt im Zusammenspiel mit Genetik/Zuchtselektion und der Ontogenese (Individualentwicklung). Einzigartigkeit jedes Hundes; selbst Wurfgeschwister zeigen bereits Unterscheidungsmerkmale	Menschen sind durch Veranlagung, Herkunft, Kultur, Ideale, Religionen, Dogmen, Erziehung, Lebensgeschichte oder persönliche Ziele einzigartig.

9. Kognitionsleistungen/Fähigkeiten

Längst ist bewiesen: Nicht nur Menschen, sondern auch Hunde verfügen über ein breites Spektrum an Kognitionsleistungen und Fähigkeiten. Sabine Schroll und Joël Dehasse gehen davon aus, dass auch Hunde ein abstraktes und räumliches Verständnis besitzen. Bei Menschen und bei Hunden sind Kognitionsleistungen wie sämtliche andere Fähigkeiten allerdings auch stets an Aufgabenstellung, Lern- und Lebenserfahrung geknüpft. Damit steht fest: Fähigkeiten fördern und Aufgaben stellen sind dafür mitentscheidend, auf welchen Kommunikationspartner wir bei einem HUND oder einem MENSCHEN treffen.

10. Physiologische und psychologische Bedürfnisse

Bei jedem Dialogpartner, ob Mensch oder Hund, spielen ebenfalls die gesundheitliche Verfassung, aber auch das Alter eine wesentliche Rolle. Ebenso ist für Kommunikationsprozesse mitentscheidend, ob physiologische oder psychologische Bedürfnisse erfüllt sind.

11. Ziele und Zielkonflikte

Nicht zu unterschätzen sind ebenfalls beim Dialog unterschiedliche Ziele und Zielkonflikte eines jeden einzelnen Individuums, die das gegenseitige Verstehen erheblich beeinträchtigen können. Beispiele kennen wir alle: Wir wollen unsere Ruhe haben, ein anderer Mensch redet auf uns unermüdlich ein. Oder: Unser Hund will im Wald »Zeitung lesen«, wir hingegen haben es eilig.

12. Lebensraum/Urbanisierung

Kommunikationsabläufe und Kommunikationsverhalten sind selbstverständlich auch umgebungsabhängig. Ob wir mit unserem Hund im Wald an einer Quelle, umrankt von Farnen, sprechen – oder ob wir es in einer Großstadt mit Schwertransportern, die Tag und Nacht mit ohrenbetäubendem Lärm auf sechsspuriger Fahrbahn an uns vorbeibrettern, versuchen.

Kommunikationserfolg braucht Ruhe, Beobachtung und uneingeschränktes Einfühlungsvermögen!

An den vorgenannten Punkten zum Kommunikationsverständnis beider Arten wird deutlich, wie komplex, aber auch unterschiedlich und anspruchsvoll sich der Dialog mit unseren Hunden darstellt. Allerdings: Zum Verständnis unserer Hunde benötigen wir weitere Detailkenntnisse.

2.2 Zur Bedeutung des Ausdrucksverhaltens bei Hunden

Die wesentliche Kommunikation bei Hunden verläuft über ihre Körpersprache, dem Ausdrucksverhalten, als ihrer ersten Sprache, dies neben der nicht zu vernachlässigenden Vokalisation. Die Kommunikation von Hunden und Wölfen ist äußerst differenziert und wechselt oft in Bruchteilen von Sekunden. So hat der Wolf z. B. im Kopfbereich auf elf Etagen 60 Ausdruckszeichen, die er zu Hunderten von Signaleinheiten – je nach Abfolge – zusammen mit anderen körpersprachlichen Zeichen und der Vokalisation bündeln kann.

Auch wenn unsere Haushunde nicht mehr gänzlich über das Gesamtrepertoire der Wölfe verfügen, so stellt die hochdifferenzierte »Sprache« der Hunde höchste Ansprüche an uns, hinsichtlich Beobachtung und Kommunikation. Dies bedeutet für uns auch: Wir sollten viel stärker mit ihnen über Körper- und Zeichensprache, wie Gestik und Mimik, kommunizieren, als nur über unsere Stimme. Hunde begreifen sogar, wenn wir selbst Signale aus dem »hundlichen« Ausdrucksverhalten einsetzen (mit unseren sehr eingeschränkten Möglichkeiten!) und reagieren darauf prompt! Aber wie häufig läuft es doch genau umgekehrt? Mit lautem, oft ungehaltenem Stimmeinsatz wird auf Hunde »eingewirkt«.

Was mögen die Hunde in diesen Momenten nur von uns halten?
Vielleicht das: »Diese Leute – Zweibeiner – haben weder Sprachkenntnisse noch Manieren ... und auch noch pädagogische Defizite!«

Von unserer Übersetzungsleistung hängt es in hohem Maße ab, ob Hunde uns verstehen können. Für jeden von uns ist nachvollziehbar: Wenn wir uns mit einem Chinesen in dessen Sprache unterhalten wollen, müssen wir zunächst »Chinesisch« bzw. chinesische Schriftzeichen erlernen. Wie aber steht es mit unserem Sprach- und Übersetzungsvermögen ins »Hundische«? Hier geht es zudem um die Übersetzungsleistung zwischen zwei verschiedenen Arten, um das Erreichen eines anderen Lebewesens mit anderer biologischer Ausstattung, mit unterschiedlicher Prägung und Sinnesphysiologie!

Die Kommunikation von Hunden ist äußerst differenziert und wechselt in Bruchteilen von Sekunden.

Und: Selbst wenn Menschen untereinander kommunizieren, so haben doch alle individuelle Wahrnehmungskanäle! Wir hören und sehen unterschiedlich im Detail. Und was verbinden wir mit einer Aussage, mit einzelnen Informationen?

Wie stehen diese zu unseren Vorkenntnissen, zu unseren Vorerfahrungen, Erwartungen, Normen und Werten? Hierdurch erkennen wir, um wie viel genauer wir mit unseren Hunden kommunizieren müssen, um schwerwiegende »Übersetzungsfehler« zu vermeiden. Übersetzungsfehler geschehen ohnehin. Aber unser Einsatz wird sich ganz sicher lohnen. Denn unsere Hunde werden es uns danken, wenn sie sich von uns verstanden fühlen.

2.3 Hunde und ihr soziales Gefüge im Rudel

Weiterhin sollten wir nicht vergessen: Hunde und Wölfe sind hochsoziale Lebewesen, bei denen Kommunikation und sozio-positive Bindungen einen häufig unterschätzten Stellenwert einnehmen. Zusammenhalt im Rudel und freundschaftliche Beziehungen werden ausgiebig über Beziehungspflege, zum Beispiel über Sozialspiel, gegenseitige Fellpflege, Kontaktliegen oder Schnauzenzärtlichkeiten ausgeführt. Es ist für die physische und psychische Gesundheit der Tiere von großer Bedeutung.

Das Kommunikationsrepertoire wird bei einer gesunden Entwicklung von Hunden ein Leben lang immer wieder geübt, seien es Formen des Imponierens, der kämpferischen (agonistischen) Auseinandersetzung oder des Sozialspiels. Daraus folgt für uns Menschen: Nur über das präzise Beobachten und richtige Deuten des hoch differenzierten Kommunikationsrepertoires von Hunden – dazu gehört auch ihre Vokalisation – kann eine artübergreifende Kommunikation zwischen Mensch und Hund überhaupt gelingen. Kommunikation gelingt dann, wenn Sender und Empfänger mit den ausgesandten Signalen ein und dieselbe Bedeutungseinheit verknüpfen.

Hervorzuheben ist dabei: Kommunikationssignale können aber auch in Mensch-Hund-Beziehungen (selbstverständlich auch in Hund-Hund- oder Wolf-Wolf-Beziehungen!) erst über Ritualisierungen eine ganz bestimmte Bedeutung erfahren.

Dazu eine Beispiel: Ein Hund möchte kein Hundefutter fressen und auch kein Wasser trinken, sondern Käse und Milch, was ihm beides bekannt ist und von dem er weiß, dass es im Kühlschrank verstaut wurde. Also bleibt er solange laut wuffend und abwechselnd winselnd vor dem Kühlschrank sitzen, bis der Hundehalter seinem Wunsch entspricht. Ist dies der Fall, wird der Hund, nach der für ihn erfolgreichen Aktion, sein Verhalten wiederholen. Die Signaleinheit (wuffend und winselnd vor dem Kühlschrank sitzen) wurde nach (sehr) kurzer Anzahl von Wiederholungen ritualisiert und hat zwischen den beiden Kommunikationspartnern von nun an eine bestimmte Bedeutung. Gleichzeitig setzt hier der Hund im Kommunikationsprozess kognitive Erfahrungen und Fähigkeiten ein: lernen, sich erinnern, assoziieren, abwägen oder selektieren. Dies auch im Zusammenspiel mit einer fabelhaften Beobachtungsgabe.

2.4 Zur Sinnesphysiologie und Kommunikation bei Hunden

Hunde verfügen ebenfalls wie wir Menschen über ein Multi-Kommunikationssystem. Dabei sind alle Wahrnehmungskanäle mit einander verknüpft (Riechen, Hören, Sehen, Tasten).

Das Riechen

Der wichtigste Sinn des Hundes ist der Geruchssinn, die Nase. Hierbei geht es nicht nur um Geruchsempfindungen, sondern gleichzeitig auch um machtvolle Gefühlskomponenten. Denn für Hunde ist Fühlen und Riechen untrennbar miteinander verbunden. Ein Hund, der riecht, fühlt! Hunde sind tatsächlich »olfaktorische Wunder« und besitzen etwa 220 Millionen Geruchszellen, wohingegen der Mensch lediglich etwa 5 Millionen Geruchszellen vorzuweisen hat.

Das Sehen

Hunde sehen auch in der Ferne ausgezeichnet. Das Sehen und Erkennen von Bewegungsmustern und ihr Nachtsehen sind ebenfalls deutlich besser ausgebildet als bei uns Menschen. Hingegen ist ihr räumliches Sehen schwächer. Farben spielen in der Welt der Hunde keine besondere Rolle, auch wenn Hunde keinesfalls farbenblind sind. Ihr »Farbteppich« ist weniger differenziert, da sie die Farbe Rot nicht absorbieren und damit auch kein Gelb, Grün und Orange erkennen können. Außerdem verfügen Hunde über ein Blickfeld von 150 Grad, das damit deutlich größer ist als bei uns Menschen. Weitere Unterschiede im Sehen von Hunden wies die Neurologin A. Harman nach, wie z. B. dass Hunderassen mit kurzer Schnauze keine horizontalen Streifen mit Stäbchen besitzen und deshalb Lebewesen an der Peripherie schlechter sehen als Hunde mit einer langen Schnauze.

Dafür können kurzschnauzige Hunde, die nur eine »Area centralis« haben, Nuancen im Nahbereich besser erkennen. Das erklärt auch, weshalb Jagdhunde lange Nasen haben.

Das Hören

Hunde haben ein deutlich besseres Hörvermögen als wir Menschen und sind außerdem in der Lage, sehr viel differenzierter Geräusche wahrzunehmen und zu analysieren: Ein Hund kann z. B. aus einer Geräuschkulisse einzelne Töne und Geräusche herausfiltern. Indem er Teile des Innenohres auf »Lautsprecher stellt« kann er außerdem auch Geräusche etwa zehnmal stärker orten als dies Menschen möglich ist. Dazu können Hunde im Ultraschallbereich in Frequenzen von 20 Hertz bis 60.000 Hertz Töne wahrnehmen!

Weitere Wahrnehmungspotentiale von Hunden:

Wohl jeder Hundehalter, der in einem tektonisch aktiven Gebiet, wie z. B. dem Oberrheintalgraben wohnt, weiß aus Erfahrung, dass sich Hunde bereits Stunden, bevor ein Beben bzw. Erdbeben erfolgt, als »Seismograph« bemerkbar machen, indem sie starke Unruhe zeigen. Aber auch Luftdruckschwankungen oder Phänomene, wie das Verglühen von Meteoriten, können Hunde bereits im Voraus – also »präkognitiv« – wahrnehmen. Selbst mit modernster Technik ist es uns Menschen bisher nicht gelungen, alle Fragen zur Kommunikations- und Wahrnehmungsfähigkeit von Hunden zu erfassen!

Sinnesrausch pur!

3 Kommunikations- und Teamfehler – häufigste Ursachen für Beißvorfälle

KAPITEL 3

***Forensische** Gutachten (Gerichtsgutachten) belegen eindeutig: Die allermeisten Beißvorfälle durch Hunde könnten verhindert werden – und dies nicht nur in Deutschland! Warum sie dennoch geschehen, liegt mit daran, dass sich unsere Gesellschaften noch längst nicht hinreichend für den Sozialpartner Hund qualifiziert haben. Hundehaltung »geschieht« immer noch sehr häufig nach Belieben und nicht nach Wissen und Gewissen. Manche Halter glauben zudem ohnehin alles über Hunde zu wissen*

*Leider sind gute Mensch-Hund-Teams mit vorausschauender Hundehaltung, der fachlichen Qualifizierung von Haltern über Grundkenntnisse zum Verhaltensinventar von Hunden, ihren Bedürfnissen, Fragen zu Gesundheit und Recht noch nicht die Regel, sondern zuweilen noch die Ausnahme. Denn längst nicht alle Hundehalter und Bürger beschäftigen sich ernsthaft mit diesen wichtigen Zusammenhängen, angefangen mit den Fragen: **»Welcher Hund passt zu mir? Welche Grundbedürfnisse hat das Tier?« Allzu oft wird ein Hund nach seinem Aussehen, also seinem Exterieur, ausgesucht!***

Welcher Hund passt zu mir? Allzu oft werden Hunde nach ihrem Äußeren ausgesucht.

Da Menschen manchmal dazu neigen anzunehmen, sie wüssten bereits alles über Hunde, tun sie oft unbewusst fast alles, um gebissen zu werden! So beugen sie sich über fremde Hunde, um diese zu streicheln, starren Hunde verzückt an oder laufen Hunden – trotz deren Signal »halte Abstand – distanzlos und distanzunterschreitend weiter entgegen. Menschen ist oft nicht bewusst, dass sie Hunde dadurch massiv bedrohen! Das Frühwarnsystem der Hunde, welches in Eskalationsstufen anzeigt: »nicht weiter!« wird damit gleichzeitig ignoriert.

Wesentliche Faktoren für eine erfolgreiche »artübergreifende Kommunikation« werden dazu auch im Verlauf dieses Kapitels skizziert. Wenn wir uns als Hundehalter dafür hinreichend interessieren, wird dies jedem Mensch-Hund-Team zu Gute kommen und zahlreiche Beißvorfälle können verhindert werden, vor allem diejenigen, die hauptursächlich durch menschliches Fehlverhalten verursacht werden. Dies belegen forensische Gutachten ganz eindeutig.

Und wie ist das zu erreichen? Indem sich Hundehalter und Bürger besser als Sozialpartner für unsere Hunde qualifizieren! Vor allem auch dadurch, dass wir das Ausdrucksverhalten unserer Hunde intensiv studieren. Außerdem sind vom Gesetzgeber die entsprechenden gesetzlichen Rahmenbedingungen zu schaffen! »Gefahrenabwehr« darf nicht weiterhin über unsinnige und wissenschaftlich unhaltbare Hunde-Rasselisten laufen, die Scheinsicherheit lediglich vorgaukeln.

Warum? Weltweit anerkannter Wissenschaftsstandard ist: Es gibt keine »gefährlichen Hunderassen«, nur individuell einzelne »gefährliche Hundeindividuen«; (Feddersen-Petersen). Und völlig rasseunabhängig – jeder Hund kann zubeißen!

Hundebeobachtungen: Zora und Draco.

3.1 Beißvorfälle und ihre Ursachen

Für Beißvorfälle sind folgende Zusammenhänge hauptursächlich:

1. Beißen aufgrund normalen physiologischen Verhaltens, z. B. maternale – also mütterliche – Verteidigungsaggression der eigenen Welpen.

2. Pathologische Zusammenhänge, wie z. B. hormonelle Dysfunktion, Schmerzen oder auch erworbene Angst- oder Verhaltensstörungen.

3. Qual-Zuchtselektionen: z. B. Fellfarben können ebenfalls Einfluss auf Verhalten bzw. Verhaltensstörungen haben; ebenso Zuchtselektionen zur Neotenie (Kindchen-Schema nach Konrad Lorenz), d.h. extrem flachgezüchtete Nase, große flachliegende Augen (häufig auch keine richtige Verankerung der Augen mehr in den Augenhöhlen), wie z. B. bei Möpsen mit der Folge von Kommunikationsmissverständnissen mit anderen Hunden durch ein eingeschränktes Kommunikationsrepertoire. Dies gilt auch bei kupierten Ruten.

4. Zu früher Verkauf von Welpen und damit die entzogene Möglichkeit, das Kommunikationsrepertoire/Ausdrucksverhalten in der Hundefamilie differenziert zu erlernen. Damit beraubt man Junghunden ihrer notwendigen Lebensschule!

5. Isolationshaltung und/oder Deprivation (Reizentzug); gestörte Junghundeentwicklung (Hunde isoliert im Heizungskeller halten, was übrigens hochgradig tierschutzrelevant ist!).

6. Angststörungen, Neurosen; erlebtes Trauma eines Hundes (anschließend Konfrontation mit vergleichbarer Situation).

7. Gewalttätige Haltungs- und Ausbildungsmethoden, wie z. B. über Teletakt, Spray-Kommander (alles strafrechtlich relevant), Kommunikationsfehler, wie z.B. körperliche Disziplinierung, Anstarren, Anschreien.

8. In Konfliktsituationen mit anderen Hunden hilflos herumstehen, zu spät oder in ungeeigneter Form einschreiten; den fremden Hund oder dessen Halter (mit offensiver Körpersprache) anschreien.

9. Stress-Symptome des Hundes ignorieren, »Nicht-Kennen« bzw. »Nicht-Beachten« der individuellen Stresstoleranz eines Tieres; dem Hund (für ihn nicht tolerierbare) Distanzunterschreitungen zumuten.

10. Kinder unbeaufsichtigt mit Hunden allein lassen; fahrlässig zusehen, wie Kinder im Gesicht des Hundes »herumfuhrwerken«, ihn an der Rute ziehen oder den Hund »mit einem Spielzeug verwechseln« und alles ganz »normal« finden.

Wie qualifizieren wir uns als Dialogpartner für unsere Hunde?

Wichtig ist es, die Wahrnehmungswelten der Hunde zu kennen und zu verstehen:

Vor allem ihr filigranes und sehr stark vom Kontext abhängiges Ausdrucksverhalten als neu zu erlernende Fremdsprache anzusehen und um zeitnah und angemessen auf die Sprache der Hunde reagieren zu können.

Von der Qualität unserer eigenen Sprache mit eindeutiger Signalgebung hängt es in hohem Maße ab, ob Hunde uns ihrerseits verstehen können oder auch nicht. Für jeden von uns ist nachvollziehbar: Wenn wir uns mit einem Chinesen in dessen Sprache unterhalten wollen, müssen wir zunächst »Chinesisch« bzw. chinesische Schriftzeichen erlernen. Und bei Hunden sind, da es sich um eine andere Art handelt, auch noch verhaltensbiologische Aspekte und Fragen einzubeziehen:

Vertrauensvolle Annäherung bei entspannter Gestimmtheit.

Spielerische Aggression mit Defensivverhalten.

3.2 Wie lernen und denken Hunde? Wie nehmen sie uns und unsere Umwelt wahr?

Es ist gar nicht besonders schwer, einem Hund etwas beizubringen, da Hunde eine angeborene Lernfreude und Lernfähigkeit besitzen! Weiterhin spielen Hunde gerne und lernen vieles im Spiel und durch Nachahmen, aber auch durch »Try und Error« – also einfaches Experimentieren. Wichtig ist für Hunde vor allem auch eine konfliktfreie und durch Vertrauen getragene Beziehung zu ihrem Halter. Heute wissen wir, dass Motivation – nicht etwa Zwang – beim Lernen Vorrang haben muss! Dies wird inzwischen auch bei jeder fortschrittlichen Polizeihundeausbildung berücksichtigt, die sich auch stark wegbewegt hat von der »klassischen Konditionierung«. Sowohl die physischen wie auch die psychischen Voraussetzungen eines Hundes sollten beim Lernen im Mensch-Hund-Team berücksichtigt werden.

Beschäftigung und Aufgabenstellungen sind für Hunde enorm wichtig! Als Hundehalter sind wir auch deshalb in unserer Kreativität gefordert, da Hunde, wenn sie erst einmal eine Aufgabe verstanden und gelöst haben, oft schon wieder eine neue Aufgabe und Beschäftigung erwarten ...

Hunde beobachten uns selbstverständlich auch in unserer Funktion als »Lehrmeister«. Manchmal würde es mich schon interessieren – welches Zeugnis mir mein Hund ausstellt!

Denn wir werden von unseren Hunden auch hinsichtlich unserer Souveränität, Konsequenz und unseres Einfallsreichtums – aber auch unserer Fairness und Berechenbarkeit ihnen gegenüber eingestuft. Nicht selten kommen Hunde auch deshalb den Aufforderungen ihrer Halter nicht nach, weil ihnen nicht klar ist, was der Halter eigentlich von ihnen will – oder, weil sie die Befehle des Halters für »gefährlich« erachten! Denn welcher Hund bringt sich schon gerne selbst in Gefahr? Häufig werden Hunde für das, was sie richtig machen, sogar noch bestraft, indem Halter nicht in der Lage sind, eine Sanktionierung oder ein »Nein« zeitnah zu artikulieren. Dies ist innerhalb von 2–3 Sekunden erforderlich, damit Hunde die Reaktion richtig zuordnen können. Nur dann können sie verstehen, ob die Reaktion des Halters einem unerwünschten oder erwünschten Verhalten zuzuordnen ist. Stattdessen kommt oft aber die Verknüpfung des »Neins« beim Hund »Lichtjahre später« durch, manch einen reaktionsunfähigen Halter zu einer neuen bzw. anderen richtigen Handlung des Hundes an. Dies kann der Hund selbstverständlich nicht verstehen!

Entspannte Interaktion trotz Leineneinschränkung.

3.3 Fortwährender Lernprozess für uns Menschen

Für uns bedeutet dies, sich einem fortwährenden Lern- und Beobachtungsprozess zu stellen: Einsatz von Kreativität, um Hunde gemäß ihren Fähigkeiten zu beschäftigen, sich Zeit zu nehmen, um mit ihnen auch Spiele, Aufgaben und Übungen auszuprobieren, zu sehen, wie sie darauf reagieren und um zu erfahren, was Hunde alles verstehen und lernen können!

Beteiligen wir uns selbst mit der gleichen Begeisterung wie unsere Hunde an Aufgaben und Übungen, bestätigen und verstärken wir, loben wir, wo immer es Sinn macht! Weitere wichtige Voraussetzungen hierfür sind die eigene innere Strukturierung mit einer verlässlichen emotionalen Stabilität und Klarheit, nämlich: »Was will ich meinem Hund mitteilen?

Macht es Sinn – auch aus Sicht meines Hundes?« »Kann mein Hund mich überhaupt aufgrund seiner Prägung, seiner Art und Fähigkeit, die Dinge zu verknüpfen, verstehen?«

Drohen mit Körperkontakt und Bewegungseinschränkung.

Wie gehe ich damit um, wenn mein Hund mich einmal nicht versteht? Bleibe ich ruhig und souverän, wenn nicht alles gleich funktioniert, der Hund mich nicht versteht oder verstehen konnte? Die Voraussetzungen für eine erfolgreiche »artübergreifende Kommunikation« sind außerordentlich günstig, denn im Laufe der langen Co-Evolution von Mensch und Hund, die von 15.000 bis über 100.000 Jahren in unterschiedlichen Quellen datiert wird, haben sich auch genetisch wechselseitige Beeinflussungen ergeben: So verfügen Hund und Mensch über eine extrem hohe Rate an Dopplungssequenzen bei genetischen Codes (sogenannte Tandem Repeats). Nach Untersuchungen von Verhaltensforschern sind dabei sozial-kognitive Fähigkeiten von Hunden und Menschen miteinander verschmolzen, insbesondere jene, die für das gegenseitige Verstehen im Kommunikationsbereich zuständig sind. Untersuchungen zeigen, dass Hunde selbst die Gesten fremder Personen recht gut deuten können – auch wenn nicht ganz in dem Maße, wie das bei ihnen vertrauten Personen der Fall ist.

Und somit ist wissenschaftlich unbestritten: Keine andere Art versteht den Menschen so gut wie unsere Hunde!

Und da Hunde uns auch sehr viel besser beobachten als wir sie, ist davon auszugehen, dass Hunde einen deutlich höheren Anteil an gelungenen artübergreifenden Kommunikationsprozessen haben als wir Menschen (statt umgekehrt)! Hinzu kommt: Hunde sind von ihrer Verhaltensbiologie her deutlich bessere Konfliktlöser als wir Menschen! »Dass statistisch gesehen relativ wenig, ernsthafte Zwischenfälle mit Hunden vorkommen, gemessen an menschlichen tagtäglichen Konfliktpotentialen in gewalttätigen Dimensionen, ist vorrangig die Meisterleistung von Hunden!«

4 Aggressions- und Angstverhalten bei Hunden verstehen lernen

KAPITEL 4

Auch bei Angst- und Aggressionsverhalten von Hunden gilt: Hundliches Normalverhalten ist keinesfalls zufällig, sondern hat den Auftrag, streng determinierte biologische Zielsetzungen zu erfüllen. Um das individuelle Verhalten von Hunden verstehen zu können, ist es erforderlich, die Komplexität von dabei relevanten Faktoren zu berücksichtigen, die sich wie bei einem Uhrwerk ineinander verzahnen! Das Individualverhalten eines Hundes wird nicht nur durch Genetik, sondern auch durch Umwelteinflüsse – insbesondere auch im Mensch-Hund-Team – zusammen mit der Ontogenese (Individualentwicklung), einschließlich gesundheitlicher Faktoren und Lernerfahrungen bestimmt.

Hochringkampf

Ein weit verbreitetes gesellschaftliches Phänomen besteht leider darin, dass Stress- und Angstsignale von Hunden nicht rechtzeitig erkannt werden, respektive ihnen keine angemessene Beachtung geschenkt wird. Dies häufig mit schwerwiegenden Folgen!

Darüber hinaus wird Aggressivität bei Hunden fälschlicherweise fast immer mit ihrer Gefährlichkeit gleichgesetzt. Dies ist wissenschaftlich deshalb unhaltbar, weil adäquate Aggressionsformen überlebensnotwendig sind. Dies gilt auch für uns Menschen. Und nicht zuletzt hat deshalb der Gesetzgeber für uns »Zweibeiner« den »Notwehrparagrafen« ins Strafgesetzbuch aufgenommen!

Hunde sind wie gesagt die weitaus besseren Konfliktlöser im Vergleich zu uns Menschen! Hunde kommunizieren ihr »Nichteinverstandensein« zunächst über das Ausdrucksverhalten. Und Hunde kommunizieren »eins zu eins«. Dies sofern der Mensch bei Zucht, Haltung und Ausbildung keine schwerwiegenden Fehler beim Hund verursacht hat!

Daher soll bei der Thematik »Angst- und Aggressionsverhalten von Hunden verstehen lernen« die Frage vorangestellt werden: Was ist überhaupt hundliches Normalverhalten – und über welches Ausdrucksverhalten wird dies kommuniziert? In diesem Kontext müssen zunächst auch die verschiedenen Funktionskreise einschließlich ihrer Verhaltenssequenzen und in ihrer graduellen Abstufung differenziert beobachtet und verstanden werden.

Denn das Ethogramm, also das Verhaltensinventar von Hunden, wird über zahlreiche Funktionskreise mit den entsprechenden Verhaltenselementen bestimmt. Diese sollen zum Verständnis von Aggressions- und Angstverhalten bei Hunden zunächst vorangestellt werden.

4.1. Zur Bedeutung der verschiedenen Funktionskreise bei hundlichem Verhalten

1. Das Ernährungsverhalten von Hunden besitzt folgende Untergruppen

1.1.Nahrungserwerb
Hierzu gehören der Milchtritt, das Lecken, die Futtersuche und das Futterbetteln, ein Suchpendeln, das Schnauzenstoßen, aber auch das »Sich-Anschleichen«, Verfolgen, Angreifen oder Töten.

1.2. Nahrungsaufnahme
Hunde zeigen hierbei ein Beschnuppern, Betasten, Lecken, Nagen, Beißen, Kauen, Trinken und Schlucken.

1.3. Transport von Nahrung
Bei der Futteraufnahme zeigen sich folgende Sequenzen: Nach der Futteraufnahme erfolgt zunächst das Schleppen von Futter, dann das vorläufige Runterschlucken des Futters, um es dann später wieder hervorzuwürgen oder zu erbrechen. Auch die Futteraufbewahrung, z.B. in einem Versteck, ist im Kontext zu diesem Verhaltensrepertoire zu sehen.

2. Ausscheidungsverhalten

Dies zeigt sich unter anderem über das Aufsuchen einer geeigneten Lokalität, Urinieren, Riechen, Kreisgehen, Koten oder Verscharren des Kots.

3. Das Sozialverhalten mit seinen einzelnen Untergruppen

3.1 Verhalten bei Geburt und Aufzucht
Dies beginnt mit dem Graben, respektive Herrichten eines Wurflagers, nach der Geburt die Welpen abnabeln und trockenlegen, dem Kontaktliegen bei den Welpen, diese säugen, beschnuppern, belecken, Austausch von Schnauzenzärtlichkeiten, die Welpen tragen oder schieben, später auch Futter zutragen.

3.2 Infantilverhalten
Das Infantilverhalten zeigt sich insbesondere an der Modalität der Nahrungsaufnahme, mit gleichzeitiger »Exploration«, wie Mundwinkellecken, Saugen, Milchtritt, Suchpendeln, aber auch Tragstarre, Kopfverstecken, Kontaktliegen oder Kriechen.

3.3 Spielverhalten
Spielverhalten zeigt Formen, wie ein »Spielgesicht aufsetzen«, pföteln, »vorn heruntergehen«, hopsen, anspringen, spielbeißen, rennen oder überspringen.

3.4 Freundliche Stimmung kommunizieren
Dies ist zu erkennen, wenn Hunde umeinanderlaufen, drängeln, sich dicht aneinander drängen auch in Zusammenhang mit dem »Spielgesicht aufsetzen«, welches mit der Mundoffenstellung (open-mouth-display) einhergeht.

Angespanntheit mit leichtem Nasenrückenrunzeln.
Auf dem Bild unten: Starrblick mit nach vorn gestrecktem Kopf und hochgestellter Rute.

3.5 Neutrale Stimmung kommunizieren

Wir erkennen dies über ein »Sich-Belecken«, über Schnauzenkontakte aufnehmen, über das »In-Folge-Laufen« und »Nebeneinanderhergehen«.

3.6 Imponieren

Das Imponieren erkennen wir insbesondere an einer »hölzernen Gangart«, gleichzeitig aufrechter Haltung und Rutenstellung, meist Blick am Gegenüber vorbei, auch mit der sogenannten T-Stellung. Dabei erfolgt die Begegnung mit einem anderen Hund in einem rechten Winkel.

3.7 Verhalten von Unterwürfigkeit und Demut

Hierbei zeigen Hunde meist angelegte Ohren, ein »welpisch« glattgezogenes Gesicht, ebenso ein »Sich-kleiner-Machen«; dies gleichzeitig mit Blickvermeidung. Die Schwanzhaltung verläuft dabei eher niedrig, zeigt aber oft eine hohe beschwichtigende Amplitude. Diese ist auch stark abhängig von der Anatomie der Rute eines Hundes!

3.8 Aggressionsverhalten

Aggressionsverhalten erkennen wir über Zähneblecken, die Nackenhaare aufstellen, einen Starrblick aufsetzen, knurren, anrempeln, ein »In-die-Luft-Beißen«. Aggressionsverhalten erfolgt in Etappen bis zum Beschädigungskampf im Ernstfall! Denn dies zeigen gut sozialisierte Hunde über sechs Eskalationsstufen fein nuanciert bis zum Ernstkampf deutlich an.

Kontrollierte agonistische Auseinandersetzung.

4. Zum Sexualverhalten

Wir erkennen dieses an (penetrantem) Folgelaufen des Rüden, an dem Beriechen des Urin- und Genitalbereichs der Hündin, auch mit Genitallecken, einem »Sich-Herandrängeln« und »Sich-Präsentieren«, die Pfote auf den Rücken legen und an Aufreitversuchen.

5. Zum Explorationsverhalten – auch mit »Feindvermeidung«

5.1 Nahorientierungsverhalten zur Exploration der Lage

Dies beginnt mit dem Beschnuppern von Objekten, eine Bodenwitterung aufnehmen, belecken, betasten, den »Hals langmachen«, etwas stoßen oder anstoßen.

5.2 Fernorientierungsverhalten

Dies zeigt sich, wenn Hunde, z. B. auf dem Boden liegend oder stehend, intensiv Objekte oder Lebewesen beobachten oder sogar fixieren, dabei die Ohren spitzen, ebenso auch beim Vorstehen. Weiterhin auch an differenzierten Lautäußerungen, an einem den »Kopf-schräg-Halten« oder daran, wenn sie einen exponierten Beobachtungsplatz einnehmen.

5.3 Feindvermeidung über Flucht- und Meide-Verhalten

Hunde halten dann Abstand, schrecken zurück, flüchten, zeigen ein Harnmarkieren, drücken sich in eine Ecke oder unter den Tisch, zeigen dabei meist auch Stress-Symptome.

6. Zum Komfortverhalten

Ein Komfortverhalten zeigen Hunde über: »sich schütteln«, »sich beknabbern«, lecken und wälzen, über »sich strecken«, die »Schnauze reiben«, »sich kratzen« oder eine ausgedehnte Fellpflege an.

7. Das Ausruhverhalten

Dazu gehören das Gähnen, das Stehen, das Sich-Setzen, Sich-Niederlegen oder das Schlafen, oft zuvor auch mit Kreistreten.

8. Agonistisches Verhalten: Droh-, Kampf- und Fluchtverhalten

8.1 Drohverhalten mit Offensiv- und Defensivdrohen sowie Distanzdrohen

Beispiele hierfür sind folgende Formen des Ausdrucksverhaltens: Drohfixieren, Anstarren des Gegenübers, Zähneblecken mit und ohne Maulaufreißen oder die Nackenhaare aufstellen. Beim Offensivdrohen ist der Kopf leicht nach vorne gestreckt, manchmal wird er auch waagerecht gehalten. Die Mundwinkel zeigen eine kurze und runde Öffnung, beim Defensivdrohen hingegen ist die Stellung spitz und langgezogen.

8.2 Die Eskalationsstufen bis zum Ernstkampfverhalten (auszugsweise)

1. Distanzdrohen, Zähneblecken

2. Distanzunterschreitung, Abwehrschnappen

3. Drohen mit Körperkontakt, über die Schnauze beißen

4. Queraufreiten, Runterdrücken

5. Anrempeln, gehemmte Beschädigung

6. Beißen, Beiß-Schütteln, Töten
(D. Feddersen-Petersen)

8.3 Flucht- bzw. Meideverhalten

Dies zeigen Hunde über das Fliehen vor Situationen, Lebewesen oder auch Gegenständen, wie z. B. einem Staubsauger. Oder sie treten den Rückzug unter den Tisch bzw. in eine Ecke an.

4.2 Hundeverhalten im Kontext mit psychobiologischen Elementen

Wie bereits angesprochen, zeichnen sich Individuen durch hochkomplexe Verhaltensweisen aus, die sich quasi aus Mosaiksteinen von verhaltensbestimmenden Elementen ergeben. Diese sind durch Strukturen und über Regeln organisiert, aber keinesfalls statisch. In der Verhaltensmedizin spricht man von Psychobiologischen Elementen (Psychels), also von den kleinsten beobachtbaren Elementen. Die einzelnen Psychels sind hierarchisch organisiert und haben durchaus unterschiedlich großen Einfluss auf das Gesamtverhalten.

4.2.1 Die wichtigsten Psychels

1. Der Organismus, der über Hormonhaushalt, Genetik, Immunologie oder neurovegetative Mechanismen gesteuert wird.

2. Die Stimmungslagen (durchaus wechselnd und variabel)

3. Die Vielzahl von Emotionen in ihren graduellen Ausprägungen

4. Kognition (wie z. B. Gedächtnis haben, vergleichen, selektieren, lernen)

5. Wahrnehmung und Wahrnehmungsfähigkeit

6. Neurovegetative Reaktionen

7. Motorische Akte

Hervorzuheben ist, dass auch der jeweilige Gesundheitszustand und die jeweilige Stimmung eines Hundes, auch seine Wahrnehmung, Kognition oder Emotionen damit in Verbindung stehen. Dies aber auch wechselseitig und gegenseitig durch Emotionen, Kognition bzw. Wahrnehmung. Eingeschlossen in die wechselseitigen Prozesse sind dabei ebenso die neurovegetativen Reaktionen sowie sämtliche motorische Akte.

4.2.2 Psychobiologische Elemente in ihrer Bedeutungshierarchie für das Verhalten

Zusammenfassung:

1. Organismus und dessen Gesundheitszustand

2. Stimmungen in ihren graduellen Ausprägungen

3. Ebenen von Emotionen, Kognition und Wahrnehmung

4. Ebenen von neurovegetativen Reaktionen und motorische Akte

4.2.3 Zum funktionalen Verständnis von Furcht und Angst

Was bedeutet Angst für einen Hund oder ein Tier?

Wenn Hunde bzw. Tiere eine Situation als bedrohlich erleben, sie sich also objektiv oder subjektiv bedroht fühlen, erleben sie ein emotionales Missempfinden in gradueller Abstufung, das sogar mit körperlichen Schmerzen gleichgesetzt werden muss. Daher sieht das Schweizer Tierschutzgesetz auch »Social Pains« (d. h. seelische Misshandlung und Qual) als eindeutig tierschutzrelevant an. Ängste können sogar bis zu Todesängsten reichen. Falls sich der »Bedrohtfühlende« der Situation nicht über Flucht entzieht oder entziehen kann, können sich Ängste auch in Aggression umwandeln, dann mit der Bereitschaft zu kämpfen. Ängste können aber auch in Lähmung und Resignation umschlagen. Weiterhin erkennen wir bei Hunden neben Umweltängsten auch genetisch fixierte Ängste, die nur auf der Basis von Vertrauen zwischen Hund und Mensch über Lernprozesse so in Bahnen gelenkt werden können, sodass der Hund mit der Zeit lernt, mit diesen Gefühlen der Angst zumindest teilweise umzugehen.

Zu diesem Themenkomplex gehören weiterhin:

1. Scheu
Graduell betrachtet, handelt es sich hierbei um die schwächste Form bzw. um eine Vorstufe von Angst, bei der abstandwahrend die Situation geprüft wird, ob eine Annäherung gefährlich erscheint.

2. Furcht
Hier werden Situationen gemieden, die aus Vorerfahrungen schmerzhaft oder unangenehm sind. Außerdem werden diese durch neuronale Verknüpfungen als kognitiver Prozess auf ähnlich gelagerte Fälle und Situationen meist übertragen.

3. Phobien
Unter einer Phobie oder phobischen Störung wird eine krankhafte, zur Situation unbegründete und unangemessene sowie anhaltende Angst subsumiert. Die Folge ist, dass eine sofortige Motivlage des Fliehens vor der angstbesetzten Situation entsteht; dies zur sofortigen Angstvermeidung.

In der Fachliteratur werden zahlreiche Phobien beschrieben, darunter auch seltene, wie etwa Phobien vor Gewitter, Staubsaugern oder Feuerwerkskörpern, sogar »Angst vor Schnee« oder vor einem »offenen blauen Himmel« werden als Auslöser bei Hunden genannt.

Viele Verhaltensweisen, die ängstliche Hunde zeigen, können wir erklären: jedoch längst nicht alle!

4.2.4 Rangfolge bei wesentlichen angstauslösenden Situationen (in % Hunde)

Verteilung von angstauslösenden Stimuli bei Hunden (Henry R. Askew, 2003)	
Fremde Personen	27 %
Laute plötzliche Geräusche	20 %
Verkehrslärm	15 %
Andere Hunde	9 %
Verlassen des Hauses	7 %
Autofahren	7 %

In der Fachliteratur werden viele Phobien beschrieben, darunter findet sich sogar eine Phobie vor Schnee.

Ein Hund kann sich in seiner Depression völlig zurückziehen.

4.2.5 Sonderformen von Ängsten und Depressionen: »Erlernte Hilflosigkeit«

Dazu gehören z. B. »Induzierte Ängste«. Diese sind meist ausgelöst durch Traumata, Ohnmacht oder seelische Misshandlungen und können zur Depression bei Hunden und auch bei Menschen führen. Dabei stellt die sogenannte »erlernte Hilflosigkeit« auch eine Sonderform einer Depression bei Hunden dar. Diese wird hervorgerufen durch schwerwiegende und wiederholte Fälle von »gefühlter Angst und Ohnmacht«.

Bereits 1978 widmete das US-Fachmagazin »Journal of abnormal Psychologie« eine ganze Ausgabe der Depressionsform »erlernte Hilflosigkeit«. Als besonders grausame Beispiele, um bei Hunden Ängste und sogar Neurosen zu induzieren, wurden in dem Fachmagazin unter anderem die Greuel-Experimente von Martin Seligmann oder von Iwan Pawlow, dem Militärmediziner und hochgejubelten Nobelpreisträger, vorgestellt. Deren »Experimente« übersteigen jede Vorstellungskraft.

So wurden vornehmlich isoliert gehaltenen Hunden hohe Dosen Elektroschocks an Stahlgittertüren »verabreicht«, um an ihnen Experimente durchzuführen bzw. Angststörungen zu »erforschen«. Hunde wurden einer Stromfolter ausgesetzt, dabei fiel die Auswahl auf Hunde, die am wenigsten »schockresistent« waren. Es wurden Stahlgittertüren, die Hunde öffnen wollten, um zu fliehen, mit Elektroschocks »behandelt«. Die Folter wurde vornehmlich jenen Hunden angetan, die vorher in Isolationshaft waren! Nach kürzester Zeit versuchte kein Hund mehr, eine Tür zu öffnen, obwohl diese zu öffnen gewesen wäre und auch nicht mehr unter Strom stand. Die Tiere hatten nach kurzer Zeit gelernt, dass Elektroschocks für sie nicht kontrollierbar sind. Und gleichzeitig hatten sie verlernt, selbstständig nach Fluchtwegen zu suchen. Damit ist das Phänomen der »erlernten Hilflosigkeit« skizziert. Weiterhin wurde in dem Fachmagazin dargestellt: Es gibt offensichtlich kein Experiment, das menschliche Gehirne nicht ersinnen können. Selbst die Überdosierung von Campher-Verabreichungen mit den Folgen von Panik, Angst, Atemnot oder epileptischen Anfällen mussten Hunde demnach in sogenannten Folterversuchen unendlich qualvoll ertragen! Aber valide Forschung und Folter schließen sich grundsätzlich aus! Ganz abgesehen von dem barbarischen Akt gegenüber Mitgeschöpfen und der menschlichen Verkommenheit von jenen Forschern, die weder Ethik, Empathie, noch Erbarmen kennen. Nicht selten tragen deren Biografien und Dokumentationen auch die Züge von Psychopathen, die völlig die Übersicht über eigenes Handeln verloren zu haben scheinen.

FAZIT:

Nur über Gewaltfreiheit, Verstehen, Respekt und Liebe können Kooperation und Beziehung zwischen Mensch und Hund gelingen; dies als unabdingbare Voraussetzung für ein gelingendes Mensch-Hund-Team!

Anwendung von Gewalt ist immer ein Zeichen dafür, dass Wissen und Gewissen fehlen!

Gemeinsames Erleben verbindet Mensch und Hund und lässt sie zum Team werden.

5

Wissenschaft und Mythos: Aggressionsverhalten von Hunden

KAPITEL 5

Türkisch-iranische Straßenhunde müssen in großen Rudeln auf der Trumler-Station unterschiedlichste Konflikte bewältigen.

Es gibt wohl gesellschaftlich kaum ein Thema, über das mehr spekuliert und fabuliert wird als über das Aggressionsverhalten von Hunden! Die Begriffe Aggression, Aggressivität sind zudem von vornherein negativ besetzt und kaum jemand erinnert sich an die wissenschaftlichen Ausführungen von Konrad Lorenz bereits in den 50-er Jahren des letzten Jahrhunderts in seinem Werk »Das sogenannte Böse«. Darin hält er ein Plädoyer für die unabdingbare verhaltensbiologische Notwendigkeit der Aggression als Bestandteil zum Überleben!

Dazu seien zwei kritische Anmerkungen vorangestellt:

1. Wenn es nun um unsere Hunde geht, so wird von ihnen meist erwartet, dass sie sich verhaltensbiologisch völlig a-typisch verhalten – also im Ernstfall kein Interesse am eigenen Überleben zeigen, z. B. bei Bedrängnis, Misshandlung oder Formen der eigenen Lebensverteidigung.

2. Weiterhin wird aggressives Verhalten bei Hunden sogleich mit ihrer Gefährlichkeit gleichgesetzt. Dies aber ist keinesfalls zutreffend, da Hunde ausgezeichnete »Konfliktlöser« sind, die ihre Aggressivität statistisch gesehen weitaus besser unter Kontrolle haben als wir Menschen.

Dies soweit wir als Menschen nicht durch Zucht-, Haltungs- und Ausbildungsfehler massiv in das Sozialverhalten von Hunden eingegriffen bzw. dies zerstört haben. Hauptursachen hierfür sind z. B. eine gestörte Junghundeentwicklung, Reizarmut oder Reizentzug, Isolationshaltung von Hunden. Kaum jemand weiß, dass es in der Wissenschaft eine Vielzahl an Definitionen von Aggression gibt! Dabei wird auch zwischen adäquater Aggression – also verhaltensbiologisch sinnvoller und normaler Aggression – und inadäquater Aggression unterschieden. Bei der letzteren wird ein Verhalten gezeigt, bei der z. B. keine Aggressionskontrolle mehr erfolgt, z. B. wenn ein Hund unvermittelt und ohne jede Vorwarnung zubeißt.

5.1 Was also ist Aggression und Aggressivität?

Über verschiedene Aggressionsformen werden eigene Interessen gewahrt oder gegen den Widerstand anderer durchgesetzt. Aggressionen in ihren verschiedenen Ausprägungen sind sowohl vom einzelnen Individuum, dessen Veranlagung und Individualentwicklung wie auch der damit einhergehenden individuellen Erregung abhängig. Auch die Gesamtverfassung sowie der situative Kontext spielen eine wesentliche Rolle. Aggressionsformen sind funktionellen, phänomenologischen wie auch verhaltensbiologischen Gesichtspunkten zuzuordnen.

5.1.1 Aggressionen und verhaltensbiologische Zusammenhänge

1. Zur Selbstverteidigung
2. Jungtierverteidigung/mütterliche Aggression
3. Gruppenverteidigung
4. Aggressionen aufgrund mangelhafter Sozialisierung
5. Aggression bei sozialer Exploration/ Rangordnungskampf
6. Spielaggressionen
7. Futterverteidigung
8. Territoriale Aggression
9. Schmerzbedingte Aggression
10. Angstbedingte Aggression
11. Bei Angst- und Ausweglosigkeit, z. B. keine Fluchtmöglichkeit
12. Aggression bei sexueller Rivalität
13. Idiopathische Aggression, d.h. eine Aggression unbekannter Ursache bzw. Entstehung

Hierzu gehören auch obsessiv-compulsive Störungen (OCD), also zwanghaftes selbstzerstörerisches Verhalten. Hervorzuheben ist der Unterschied zwischen offensiven und defensiven Aggressionsformen.

5.1.2 Defensive Aggression

Die defensive Aggression ist sowohl durch Vermeidungs- wie auch Verteidigungsverhalten gekennzeichnet. So können beispielsweise umweltunsichere Hunde, ein rein »präventives« Zuschnappen, Beißen oder auch nur In-die-Luft-Beißen zeigen. Auch ein Defensivdrohen mit langem Lippenspalt und spitzwinkelig langgezogenen Mundwinkeln und Zähne-Blecken (mit weit entblößten Zähnen) wird gezeigt. Die Beine bzw. die Hinterläufe werden meist leicht abgeduckt, die (Nacken-)Haare sind gesträubt, während die Rute eher eingezogen wird. Auch ein Rückzugsverhalten mit Verteidigungscharakter kann gezeigt werden.

5.1.3 Offensive Aggression

Die offensive Aggression hingegen zielt auf Distanzverringerung mit möglichem Angriff, auch um das Gegenüber in die Flucht zu schlagen. Der offensiv agierende Aggressor setzt ebenso auf Erschrecken bzw. auf Abschrecken; dies auch über verschiedene meist kontrollierte Eskalationsstufen.

5.2 Kommunikationsfehler und Aggressionen

5.2.1 Kommunikationsdefizite unter Hunden

Bei rudelinterner Kommunikation und Interaktion können zahlreiche Kommunika-

Defensive Aggression, hier schön zu sehen mit Zähne-Blecken.

tionsfehler auftreten, dies sowohl in geschlossenen Rudeln wie auch in offenen Gemeinschaften. Dabei sind simple, aber oft unterschätzte oder gar nicht bekannte Fehler hervorzuheben: Zum Beispiel, wenn ein Hund zwar seine Autorität, diese aber bei fehlender Nachkontrolle, anzeigt! Es fehlt dann also am notwendigen Nachdruck bei der Botschaft und damit auch an der Festigung seiner Stellung bzw. seiner Autorität. Übrigens lässt sich diese notwendige Nachkontrolle auch auf zwischenmenschliche Beziehungen bzw. auf diverse menschliche Kommunikationsmuster übertragen! Weitere Kommunikationsdefizite, die unter Hunden zu Problemen führen können, sind: Wenn einer Hundepersönlichkeit die Anerkennung verweigert wird. Oder: Ein Hund zeigt aus Unsicherheit eine inadäquate Defensiv- oder Offensivaggression.

Unterlegenheit – trotz Offensivdrohen? Denn Licking-Intention zeigt nicht zwangsläufig eine Unterwürfigkeit des (hier links befindlichen) Hundes an.

5.2.2 Konfliktlösung unter Hunden über das Demutsverhalten

Der Basler Ethologe Rudolf Schenkel stellte bereits im Jahre 1947 seine wissenschaftlichen Thesen zur Demut und passiven Unterwerfung bei Kaniden vor, die auch heute noch von führenden Kynologen anerkannt werden: So wird über Demutsverhalten die Funktion von sozialer Integration und Interaktion im Rudel sichergestellt, wozu auch das »soziale Grüßen« gehört. Keinesfalls wird über Aggression oder Abwendung agiert, sondern es wird vielmehr Zuwendung angezeigt. Zeigt ein Ranghöherer z. B. ein Drohfixieren, wird sich vom anderen Hund, solange wie vom Ranghöheren angezeigt, auf den Rücken abgerollt, um sich dann anschließend schüttelnd zu erheben; dies auch um eigene innere Spannungen abzubauen. Nicht zu vergessen ist, dass es sich um meist intra-familiäre Beziehungsgeflechte handelt!

5.2.3 Demut und Deeskalation

In diesem Kontext sind auch »respektgebende Gesten« einzuordnen, wie sie Welpen bereits in der Kinderstube gelernt haben. Submissive Gestik bedeutet unter Caniden nicht, weniger »wert« oder »unbedeutend« zu sein. Das sind rein menschliche und nicht übertragbare Vorstellungen! Keinesfalls dienen diese Funktionen nur zur Deeskalation bei Konflikten oder Rangordnungsauseinandersetzungen! Auch ältere Tiere können jüngeren Tieren gegenüber subdominante Gesten zeigen, quasi als Mitteilung: »Dass ihr überlegener Status von vornherein feststeht!« (Gudrun Feltmann von Schroeder). Dieser Kontext ist uns als Menschen nach unserem Selbstverständnis kaum geläufig! Außerdem: Beim Demutsverhalten wird oft übersehen, dass es sich um kein permanentes Verhalten eines Hundes handelt, sondern der Hund zeigt ein aktives oder passives Demutsverhalten – und zwar ausschließlich in einem bestimmten Kontext – einem anderen Hund gegenüber. Es gibt keine dauerhaft demütigen Hunde, genauso wenig wie es dominante Hunde gibt.

5.2.4 Ein »Demutsgesicht aufsetzen«

Setzt ein Hund ein »Demutsgesicht auf«, so wird gegenüber dem dominant auftretenden Tier, fast immer der Blickkontakt vermieden. Meist erfolgt ein gleichzeitiges Wegdrehen des Kopfes vom Kommunikationspartner, dieses mit glatt gezogener Stirnhaut. Der Gehörgang wird durch die »Nach-unten-Bewegung« der Ohren abwärts gedreht. Dies ergibt dann ein sogenanntes glatt gezogenes »Welpengesicht«; gleichzeitig mit waagerecht und schmal zurückgezogenen Lippen, quasi als »Unterwerfungsgrinsen!«

5.3 Gravierende Fehler in Mensch-Hund-Beziehungen

Als schwerwiegende Fehler seitens des Menschen sind hier vor allem gewaltsame Erziehungs- und Ausbildungsmethoden zu nennen. Diese führen zwangsläufig zu Problemen und der Zerstörung des Vertrauens, oft zu irreversiblen Schäden und Verhaltensproblemen, wie Angststörungen, auch mit unkontrolliert aggressivem Verhalten.

Als weitere Probleme sind zu nennen:

1. Menschliche »emotionale Instabilität«

2. Unklare oder widersprüchliche Signale des Kommunikationspartners Mensch an den Hund

3. Inkonsequenz: In vergleichbarer Situation werden an den Hund unterschiedliche Botschaften gesandt.

6 Wenn Angst und Stress für Hunde nicht mehr zu bewältigen sind

KAPITEL 6

Wenn Hunde hochgradig lang anhaltender Angst und permanentem Stress ausgesetzt sind, sind häufig Bewegungsstereotypen und Verhaltensprobleme die Folge. Diese können vielfältigste Ursachen haben, wie z. B. aus konditionierten emotionalen Effekten herrühren bzw. aus traumatischen Erfahrungen resultieren (Henry R. Askew). Wenn ein Hund beispielsweise unter für ihn als hochgradig unangenehm empfundenen emotionalen Belastungen steht, diese mit der Zeit sogar noch eskalieren und für ihn nicht mehr steuerbar sind, gerät er in einen Art »Teufelskreis«. Die Folge sind dann auch häufig Phobien. Die Reaktionen auf für den Hund nicht zu bewältigende innere Zustände können sehr unterschiedlich sein, sie führen meist zu inadäquatem Verhalten: Dieses kann sich über eine Zerstörung von Gegenständen, über Koten oder Urinieren im Haus oder auch über Selbstbeschädigung äußern. Weitere Folgen können monotone Lautäußerungen oder auch Stereotypien sein.

6.1 Fatale menschliche Reaktionen für den Hund

Werden Hunde unter diesen Umständen etwa noch bestraft, wird dies mit Sicherheit fatale Folgen haben, da die Situation für den Hund als noch unangenehmer bzw. unerträglicher erlebt wird und eine Eigendynamik des »Teufelskreises« selbstverständlich angeheizt wird! Ein Erfolg über eine etwaige Gegenkonditionierung ein »Normalverhalten« wieder zu erreichen, wird damit immer aussichtsloser.

6.2 Stereotypien

Unter »Stereotypien« sind in regelmäßigen Abständen wiederkehrende hochgradig formkonstante Verhaltensweisen zu verstehen. Diese werden scheinbar funktionslos und ohne erkennbaren Zusammenhang von Umgebung, Kontext und Zeit gezeigt, wie z. B. das »Achter-Schlingen-Laufen«, das »Kreis-Laufen« oder das »Den-eigenen-Schwanz-Jagen«. Auch das unsichtbare »Fliegen-Schnappen«, Selbstkratzen, Bekauen der Füße, sind in diesen Kontext zu stellen. *(Henry R. Askew, Wolf-Dieter Schmidt)*

Die Hintergründe für das »Schwanz-Jagen«, »Lichtreflexe-Jagen« oder sogar »Nicht-vorhandene-Fliegen-Jagen« können sehr unterschiedlich sein und bedürfen jeweils einer profunden und differenzierten Klärung.

6.2.1 Fachliche Unterscheidung bei Stereotypien

In der Verhaltensmedizin werden sich wiederholende, also repetetive Verhaltensweisen, mit stereotypischen Aktivitäten in zwei Gruppen unterteilt. Demnach wird unterschieden zwischen Bewegungsstereotypien und obsessiv-kompulsiven Störungen.

Bewegungsstereotypen
Von Stereotypen wird gesprochen, wenn der Hund den Bewegungszwang selbst nicht spontan stoppen kann, wenn er scheinbar zwanghaft sich wiederholende (alleinige) Handlungen ausführt, die in ihrer Funktion, Sequenz oder Umweltanpassung inadäquat erscheinen und zudem vom Normalverhalten deutlich abweichen und/oder auch zur Selbstbeschädigung führen können.

Außerdem gehen zuweilen mit so genannten stereotypischen Bewegungsstörungen auch »nicht-funktionale« Vokalisationsmuster einher, wie z. B. monotones Bellen und Winseln.

Obsessiv-kompulsive Störungen
Den obsessiv-kompulsiven Störungen bei Hunden liegen noch komplexere Handlungsmuster zugrunde. Diese Störung ist stets Ausdruck einer Angst- bzw. Zwangsstörung und kann demzufolge nur über die Beseitigung der Angststörung behoben werden. So werden bestimmte Kontexte oder ein bestimmter Ort immer wieder aufgesucht. Diese können im Zusammenhang mit Jagd- oder Komfortverhalten stehen, wie die zielgerichtete Suche bestimmter Objekte (Steine, Stöcke oder Aludosen). Diese werden dann permanent herumgetragen oder zerbissen. Auch ein »Lichtreflexe-Jagen« wird unter dieser genannten Störung subsumiert. *(Sabine Schroll, Joël Dehasse, 2007)*

6.3 Grundsätzliches zum Umgang mit Stress- und Angstverhalten sowie Aggressionen bei Hunden

Vorab sei dringend angemerkt:
Schwerwiegende Verhaltensauffälligkeiten und Störungen bei Hunden gehören in die Hände von ausgewiesenen und seriösen Fachleuten, z. B. ausgewiesenen Verhal-

tensmedizinern mit Zusatzdiplom, die sich auch mit anderen Fachleuten, wie z. B. Verhaltensbiologen absprechen sollten. In Fällen wie bei obsessiv-kompulsiven Störungen, wenn Hunde sich selbst in die Rute beißen oder blutig kratzen, bei plötzlichen und unerwartet auftretenden Beißattacken – in Form unkontrollierter bzw. inadäquater Aggression – ist dies eindeutig der Fall.

Bei plötzlich auftretendem gravierendem Aggressionsverhalten ist in etwa 40 % der Fälle eine medizinische Ursache der Auslöser, wie z. B. eine schmerzbedingte Aggression, hormonelle Dysfunktion (z. B. Schilddrüsenfunktionsstörung) oder etwa limbische Epilepsie.

Strikt abzulehnen sind in diesem Kontext Ferndiagnosen, vielleicht sogar noch über »Internet-Angebote«. Dabei werden teilweise sogar Therapievorschläge nach irgendwelchen ominösen Computer-Programmen an den Halter gebracht. Dies ohne den Hund und Halter jemals gesehen zu haben, geschweige denn, den Hund untersucht zu haben. Unglaublich, aber leider wahr! Das wäre in etwa so, als wenn sich eine Person fernmündlich – ohne Vorstellung der eigenen Person und ohne Anamnese vor Ort – in einer Klinik aufgrund eines Telefonats einen Behandlungsplan einholen wollte ...!

Bei solchen »selbsternannten Hundeverhaltensexperten« wird dann auch darauf verzichtet, labormedizinisch seriös vorzugehen. Verhaltensmedizin und Verhaltensbiologie liegen – soll ein profundes Wissen existieren – ein langer Ausbildungsweg zugrunde; zudem mit entsprechender Praxiserfahrung. Oft ist es nicht ganz leicht festzustellen, bis zu welchem Punkt ein gezeigtes »hundliches Angst-, Stress- oder Aggressionsverhalten« mit dem Wissen eines guten Hundetrainers oder des Hundehalters selbst bewältigt werden kann. Wichtig ist es aber rechtzeitig zu erkennen, wann der Zeitpunkt gekommen ist, sich an einen ausgewiesenen Experten zu wenden!

6.3.1 Was bei der Anamnese und Neukonditionierung zu beachten ist

- Individualentwicklung des Hundes realisieren.
- Verhaltensmuster des Hundes erkennen, z. B. über:
  - Beobachtung des Stress-, Angst- und Aggressionsverhaltens
  - kontextbezogene Beobachtung schriftlich fixieren
  - graduelle Abstufungen skalieren
- Analysieren der Belastungsgrenzen des Hundes.
- Hund auf keinen Fall an Grenzen bringen – z. B. bei Neukonditionierung.
- Vermeidungsverhalten des Hundes nicht unterstützen, z. B. den Hund in bestimmten Situationen auf den Arm nehmen. Dies kann in der Begegnung mit anderen Hunden zudem sehr risikoreich sein!
- Erfolgserlebnisse für Hund und Halter schaffen, um damit die Grundsicherheit zu verbessern.
- Übertragungsfehler vermeiden, z. B. eigenen Stress, Unmut oder Enttäuschung nicht auf den Hund übertragen!
- Den Hund neue Verhaltensmuster spielerisch erlernen lassen.
- Lernen in Etappen, die für den Hund mit positiver Verknüpfung ablaufen.
- Rückkoppelungssignale des Tieres beobachten.
- Vorausschauende Situationsbeobachtung!
- Hunden sollten nur so viel Stress zugemutet werden, dass es für sie ein Anspannungsmoment bleibt, bei dem sie noch auf Kommandos und Sichtzeichen des Halters reagieren können!
- Dem Hund eine (positive) Resonanz auf sein Verhalten zeigen – als Feedback innerhalb von 2–3 Sekunden! Danach kann der Hund keine richtige Zuordnung zu seinem gezeigten Verhalten mehr vollziehen!
- Ruhephasen und Lernphasen beachten; Lernphasen sollten eher kürzer als zu lang sein!
- Rückschritte einkalkulieren!
- Sich auch über kleine Erfolge freuen!

Dieser Hund zeigt eine deutliche Angriffsaggression – sowohl über seine angespannte Körperhaltung wie auch über die mimische Kommunikation.

6.3.2 Wichtige Fragen für Hundehalter

Hundehalter sollten sich vor dem Training mit ihrem Hund bereits die Frage stellen:

»Was mache ich mit mir, wenn nicht alles gleich so funktioniert, wie ich es gerne hätte?«

Diese Frage wird oft unterschätzt. Denn sind wir allzu enttäuscht oder sogar wütend, dass unser Hund nicht gleich alles entsprechend umsetzt, übertragen wir permanent schlechte oder angespannte Stimmung auf unsere Hunde. Wie sollen diese noch Lust verspüren, mit uns zu kooperieren?

Außerdem: Wer von uns hätte gerne einen Trainer, der mit schriller Stimme oder sogar mit Gewalt auf uns einwirken würde, wenn wir beim Trainieren nicht schnell genug lernten und aus Trainersicht »versagen«?

Wer so auf seinen Hund »eingewirkt«, muss sich darüber im Klaren sein, dass er damit die Beziehung zu seinem Hund gefährdet, im Wiederholungsfall sogar sehr schnell, oft sogar irreversibel zerstört. Und im Übrigen kann ein Hund, der Stress- bzw. Gewalteinwirkung ausgesetzt wird, beim besten Willen nichts lernen!

FAZIT:

Ein erfolgreicher Umgang mit inadäquatem Angst-, Stress- oder Aggressionsverhalten bei Hunden lässt sich nur und ausschließlich über Anwendung von Fachwissen sowie über eine differenzierte »artübergreifende Kommunikation« erreichen – getragen von Empathie, Respekt und Einfühlungsvermögen für unsere Hunde. Dies gilt auch für Verhaltensforscher und die Erforschung von Verhalten von Hunden und anderen Tieren. So, wie es für Konrad Lorenz mit seinen Graugänsen oder Werner Freund, dem anerkannten Wolfsforscher, eine reine Selbstverständlichkeit war und ist. Häufig angeführte Argumente, z. B. zum Teletakteinsatz (Anwendung von Stromstößen bei Hunden) als »Erziehungshilfe« – mit der Begründung: »Der Cortisolspiegel sei dabei angeblich gar nicht erhöht« – zeigen, wie weit unsere Gesellschaft noch davon entfernt ist, den Hund als Sozialpartner und fühlendes Lebewesen annähernd zu begreifen.

Nur über Gewaltfreiheit, Verstehen, Respekt und Liebe können Beziehungen zwischen Mensch und Hund (und anderen Arten) gelingen!

7

Formen der Dominanz: Hunde, Wölfe, Menschen – ein Vergleich zwischen den Arten

KAPITEL 7

7.1 Die »Dominanzfalle«: Unterschiede beim Dominanzverhalten der drei Arten

Eine besondere Bedeutung für die Kommunikation mit unseren Hunden besitzt sicherlich die Thematik: Formen der Dominanz und Dominanzverständnis von Wölfen und Hunden; dies im Abgleich zu uns Menschen. Über das Thema Dominanz bei Hunden gibt es zahlreiche populistische Thesen, die wissenschaftlich auf den Prüfstand gestellt werden sollen, da zu diesem Themenkomplex fachlich gesehen viel Unsinn verbreitet wird.

Die Kernfrage lautet daher: »Können wir als Menschen mit unserem menschlichen Dominanzverständnis von Hunden in der artübergreifenden Kommunikation überhaupt verstanden werden?« Dazu drei weiterführende Fragen:

1. Wie stellen sich Formen der Dominanz bei Hunden, Wölfen und Menschen dar?

2. Ist das Dominanzverhalten der drei Arten überhaupt übertragbar und welchen möglichen Irrtümern unterliegen sie?

3. Welche Zusammenhänge spielen beim Dominanzverständnis der Arten Mensch, Wolf, Hund eine Rolle und welche Begrifflichkeiten werden bei Hund und Mensch unter dominantem Verhalten subsumiert?

7.2 Zum Dominanzverhalten von Hunden

Der Begriff Dominanz erscheint in der menschlichen Wahrnehmung in den verschiedensten Kontexten und Interpretationen und wird entsprechend vielseitig diskutiert: So wird fälschlicherweise von dominanten Hunden gesprochen. Weshalb? Dominantes Verhalten stellt bei Hunden und Kaniden (Wolfsartigen) eine ständig dynamisch divergierende Kommunikationsvariante in einem bestimmten Kontext mit verschiedenen Kommunikationspartnern dar. Dies nicht nur zur Klärung von Rangordnung, sondern vor allem als Bewältigungsstrategie (Coping-Strategie) oder auch, um das eigene Überleben abzusichern. Es geht also um eigene Interessenswahrung oder um Konfliktbewältigung. Ausdruck von Dominanz ist individuelles Beziehungsverhalten. Zur Einstufung von Dominanzverhalten werden dabei Häufigkeit von Angriffen sowie ihre graduelle Ausprägung herangezogen.

Ebenso aktive oder passive Unterwerfung, Gewinn oder Verlust von Ressourcen. Es wird also das Verhalten eines Hundes gegenüber anderen Hunden, wie es in speziellen Interaktionsprozessen gezeigt wird, zugrunde gelegt.

Ein weiteres Kriterium zur Dominanzbestimmung ist der Parameter, ob ein Hund regelmäßig freiheitsbeschränkende Maßnahmen gegenüber anderen Hunden durchsetzt und dabei auf wenig Widerstand trifft. Dominantes Verhalten zeigt sich bei Hunden über das Ausdrucksverhalten, wie z. B. den anderen Hund in die Ecke drängen, den Weg versperren, über Wegdrängen, Blickfixierung, Drohen (offensiv/defensiv), das »Runterdrücken«, Queraufreiten, Zwicken oder eine gehemmte Beschädigung. Da Verhalten bei Hunden – so wie bei uns Menschen – einem dynamischen und kontinuierlichen Prozess unterliegt, ist die Verhaltensontogenese (individuelle Verhaltensentwicklung) nicht etwa starr. Dabei explorieren und formen bereits Junghunde ihre Umwelt – sprich Kommunikationspartner – bis sie immer wieder neu an individuelle Grenzen stoßen. Dies ist im Prägungslernen unabdingbare »Lebensschule« für die Junghunde. Somit stellt sich die Frage, ob wir Dominanzgesten nur mit agonistischem Verhalten – also Droh-, Kampf- und Fluchtverhalten – in ei-

Kommunikationserfahrung als Lebensschule von Anfang an für Ennio und Enrico, 6 Wochen alt.

nen Zusammenhang von Dominanz stellen dürfen? Oder ob dominantes Verhalten nicht auch als Stadien einer momentanen Lern- und Optimierungsstrategie anzusehen sind. Denn Lernen ist notwendig und erfolgt zudem spielerisch. Dazu gehört auch, gesetzte Grenzen von Ranghöheren zu akzeptieren und Respekt zu lernen. Somit wäre der Frage nachzugehen, ob Gesten der Dominanz einschließlich einer submissiven Gestik (Unterwerfungsgestik) sowie respekteinfordernde bzw. respektgebende Gesten nicht auch als Lernprogramm bei Hunden anzusehen sind? Und was die »artübergreifende Kommunikation« zwischen Hunden und Menschen betrifft, dürfen einzelne Gesten der Dominanz seitens unserer Hunde durchaus als ein »Nicht-einverstanden-Sein« angesehen werden – oder sind Mittel, um Grenzen oder uns auszutesten. Zuweilen demonstrieren Hunde über einzelne Dominanzsignale ihre Unzufriedenheit und setzen diese

Ausgiebige Schnauzenzärtlichkeiten demonstrieren die Verbundenheit und das Vertrauen der Hunde untereinander.

Gesten auch als Mittel zur »Tarifverhandlung« mit uns ein. Das Verhalten – sowohl bei Wölfen und Hunden – wie auch bei uns Menschen, variiert ganz entscheidend von Situation zu Situation, ist abhängig von der jeweiligen Gestimmtheit und vom Gesundheitszustand. Ebenso ist es vom jeweiligen Kommunikationspartner und dessen Reaktionen und Motivationslage abhängig. Es ist oft auch mischmotiviert und zudem abhängig vom Phänotypus. Der Phänotypus beschreibt physiologische, psychologische sowie morphologische Eigenschaften. Beide Kommunikationspartner beeinflussen sich wechselseitig in ihrem Verhalten und damit den Interaktionsprozess.

Außerdem ist Dominanzverhalten sogar als kognitive Leistung zu betrachten: Denn hierzu gehört eine Risikobewertung und die Einschätzung des »Ist-Zustandes« sowie die des Gegenübers. Ebenso werden mögliche Konsequenzen austariert und abgeschätzt. Neuere Untersuchungen zur Kognitionsforschung bei Hunden belegen deren Fähigkeit zur Risikoeinschätzung deutlich.

Kommunikation zur Konfliktlösung hat bei Kaniden Vorrang!

Hunde und Wölfe sind Meister der Konfliktlösung. Hunde zeigen dem Gegenüber über ein »Frühwarnsystem« über sechs Basis-Eskalationsstufen ihre Gestimmtheit im Ausdrucksverhalten an: In der ersten Stufe zeigen sie Distanzdrohen und Zähneblecken; in der zweiten Stufe z. B. Distanzunterschreitung oder Abwehrschnappen; in der dritten Stufe folgen Drohungen mit Körperkontakt oder ein »Über-die-Schnauze-Beißen«; in der vierten Stufe gehen Hunde zu »Runterdrücken, Queraufreiten, Den-Weg-Verstellen« über, während sie in der fünften Stufe z. B. bereits »Anrempeln – auch mit gehemmter Beschädigung« – zeigen. Erst in der sechsten Eskalationsstufe kommt es zum Beißen, Beißschütteln respektive einem Beschädigungskampf.

7.3 Dominanzverhalten unter Wölfen

Bisher wurde meist verkannt, dass Wölfe äußerst soziale und freundliche Raubtiere sind. Von Beschädigungskämpfen im eigenen Rudel wird bei freilebenden Wölfen kaum berichtet, von solchen mit tödlichem Ausgang extrem selten. So stellte David Mech bei seinen Wolfsbeobachtungen im Kanadischen Ellesmere Island über 13 Jahre in geschlossenen Rudeln nicht einen einzigen Beschädigungskampf fest! Ein anderes Verhalten zeigen Wölfe häufig in Gefangenschaft, unter Stress, in begrenzten Gehegen mit Wölfen von unterschiedlicher Herkunft. Grundsätzlich aber wird bei freilebenden Wölfen versucht, Rangordnung über Kommunikation, also über Droh- und Unterlegenheitsgesten ohne Beschädigungskampf zu regeln; dies auch, um in der freien Wildbahn zu überleben und Kräfte zu sparen. Meist gibt der schwächere Wolf bereits vor dem Kampf nach, indem er sich auf den Boden legt, den Kopf zur Seite wendet und die Kehle zeigt. Damit tritt beim überlegenen Wolf die sofortige Aggressionshemmung ein. Der Machtkampf ist unmittelbar beendet. Wolfseltern gestatten ihren Kindern aber durchaus, einmal Überlegenheitsgesten zu zeigen, z. B. den Eltern das Futter zu stibitzen. Marc Bekoff benennt dieses Phänomen als ein sogenanntes »Self-handicaped-Verhalten«.
Auch David Mech beobachtet, dass Gesten der Dominanz nicht nur von sogenannten Alphatieren oder gar nur von männlichen Tieren gezeigt werden: Auch Fähen und Jungwölfe zeigen diese in verschiedenen Kontexten. Somit definiert Mech auch Alpha-Tiere lediglich als Elterntiere, die das Rudel souverän anführen und das Leben im Rudel professionell organisieren, sei es bei der Jagd oder bei der Futterverteilung. Somit erfahren Rangordnung und Hierarchie die Bedeutung von »Souverän führen und Verantwortung im Rudel übernehmen«.

7.4 Beobachtungen von Wolfsrudeln im Kanadischen Ellesmere Island (David Mech)

Dominanz-Interaktionen bei denen einzelne Elterntiere andere 2-jährige Wölfe unterwarfen und gleichzeitig Welpen im Rudel vorhanden waren.

	männliches Elterntier	weibliche Elterntier	2-jährig weiblich	2-jährig männlich	Gesamt
männliches Elterntier	0	0	0	0	0
weibliche Elterntier	13	0	2 (x)	2	17
weibliches 2-jährig	8	9	0	4	21
männliches 2-jährig	4	0	0	0	4
Gesamt	25	9	2	6	42

(x) Hierbei dominierte das weibliche Elterntier die 2-jährige Fähe 15 Minuten lang.

Fütterung von Mund zu Fang. Der Wolfsforscher Werner Freund mit seinen Polarwölfen.

7.5 Futterverteilung und Konkurrenz innerhalb eines Wolfsrudels in Ellesmere Island

(ohne Futterübergabe-Sequenzen vom männlichen Elterntier zum weiblichen Elterntier)

Datum	Erfolg (ja/nein)	Besitzer des Futters	Konkurrent
26.06.1988	ja	**Welpen/weiblich 1-jährig** Das 1-jährige Weibchen hatte dem Welpen Futter gebracht und schnappte nach dem weiblich Elterntier, als dieses Futter stehlen wollte!	**weibliches Elterntier**
01.07.1988	ja	**weiblich 1-jährig**	**weibliches Elterntier**
01.07.1988	nein	**Welpe** Ein 1-jähriges Weibchen, das den Hasen gebracht hatte, hielt neben dem Welpen Wache.	**männlich 1-jährig**
05.07.1988	ja	**weiblich 1-jährig**	**weibliches Elterntier**
27.07.1988	nein	**weiblich 1-jährig**	**männlich 1-jährig**
27.07.1988	nein	**männliches Elterntier**	**weiblich 1-jährig**
27.07.1988	ja	**männliches Elterntier**	**männlich 1-Jährig**
11.07.1993	nein	**weiblich 1-jährig**	**weiblich 1-jährig**
16.07.1994	nein	**Welpen/männlich 1-jährig**	**weiblich 1-jährig**
15.07.1996	ja	**Welpen/weibliches Elterntier**	**männliches Elterntier**

(Quelle: David Mech)

Dies zeigt, dass im Rudel lebendige Interaktionen ablaufen. Es veranschaulicht auch, dass Kommunikation im Rudel – je nach Situation – keinesfalls rigide von den Wolfseltern bestimmt wird. Die Aufzucht und Erziehung der Jungtiere erfolgt gewaltfrei, spielerisch, aber konsequent! Falls notwendig, werden im Prägungslernen eindeutig definierte Grenzen gesetzt. Das kommunikative Lernen ist Voraussetzung, dass später im Rudel mit meist sparsamen Gesten, Konflikte schnell und gewaltfrei gelöst werden. Die Energie der Tiere wird in der freien Wildbahn zum Überleben eingesetzt und nicht für destruktive Machtkämpfe! Faszinierend bei Wölfen ist, dass sie sämtliche Kommunikationsformen, so auch Drohgesten, in extrem fein nuancierten Abstufungen zeigen: So haben Wölfe im Kopfbereich allein 60 Ausdruckszeichen auf elf Etagen, die sie je nach Anordnung zu unzähligen Bedeutungssignalen bündeln können *(Quelle: Feddersen-Petersen »Hundepsychologie«)*.

Diese sind für das menschliche Auge nur zum Bruchteil wahrnehmbar. Alpha-Wölfe kontrollieren meist mit sparsamen Gesten das Rudel, allein durch ihre souveräne Standhaltung, teilweise auch mit einem Starrblick. Allein dieses mahnende Anstarren eines rangniederen Wolfes reicht aus, dass dieser die Ohren anlegt und sich geduckt davonschleicht. Häufig zeigen Wölfe aber auch entspannte frohe Gesichtsausdrücke mit offenem Maul, nach vorne gerichteten Ohren, locker heraushängender Zunge. Freude, sogar mit einem Hüpfen, wird oft von Wölfen auch dann gezeigt, wenn sie Rudelmitglieder wiedersehen oder sich am späten Nachmittag zur gemeinsamen Jagd treffen. Rangordnung und Dominanzbeziehungen regeln bei Wölfen das Überleben. Keinesfalls dient dominantes Verhalten bei ihnen als »Selbstzweck« wie es uns in unserer Art bei »Machtmenschen« begegnen kann. Wölfe sind hochsoziale Lebewesen!

Nunmehr gilt es also, Formen der menschlichen Dominanz und Formen des Dominanzverhaltens zwischen Mensch und Hund ins Visier zu nehmen.

7.6 Formen der Dominanz unter Menschen

Die Begrifflichkeit der menschlichen Dominanz oder des dominanten Verhaltens bedarf ebenfalls einer differenzierten Klärung: Es handelt sich um zwischenmenschliche Kommunikationsformen oder auch Rituale, die offen, aber auch »versteckt« oder über psychologische Ebenen ablaufen können und nicht immer sofort zu erkennen sind. Beobachten wir menschliches Verhalten, so drängt sich die Frage auf:

»Dient das Repertoire an Dominanzformen, welches Menschen zeigen – so wie bei Hunden und Wölfen –, allein zur Herstellung der gesellschaftlichen, familiären oder betrieblichen Ordnung?« Die Antwort lautet eindeutig: »Nein!« Menschliche Dominanz wird oft mit Führungs- und Machtanspruch oder Überlegenheit in Verbindung gebracht. Meist wird ein Mensch als dominant beschrieben, der eine starke Persönlichkeit aufweist. Gleichgesetzt wird dies häufig mit »Machtmensch« und ist meist negativ besetzt. Verkannt wird dabei, dass auch durchaus schwache Menschen dominantes Verhalten mit der Neigung zur Unterdrückung anderer zeigen können. Formen der Dominanz mit verschiedensten Ritualen existieren bei Menschen im negativen wie im positiven Sinn. Diese gilt es zunächst zu skizzieren.

7.6.1 Facettenreiche menschliche Dominanzformen

1. **Aufwertung oder Abwertung von anderen Personen:** Dies kann sich äußern über: dem anderen auf die Schulter klopfen; anderen wohlwollend oder herablassend zulächeln; die Faust ballen;

Einschüchterungsgesten, wie schubsen, bedrohen; offensive, laute Sprache; Aufwertung oder Herabsetzung; Stigmatisierung; jemanden lächerlich machen, auch mit der Zielsetzung der Zerstörung der Persönlichkeit des anderen.

2. **Dominanz-Rituale:** Flagge hissen; Fanfare ertönen lassen; Militärparaden als Messen der Macht; Säbel rasseln

3. **Dominanz über Status-Symbole:** Rolex; Villa; Luxusjacht

4. **Hierarchie-Dominanz:**
   Dienstwagen; Chauffeur; Personal

5. **Psychospiele und Psychokriege als versteckte Dominanzformen:** Schüren von Ängsten im Beruf, in der Familie, in Abhängigkeitsverhältnissen, bei Schwachstellen; Nötigung; Mobbingschikanen

6. **Geschlechtsspezifische Dominanz:**
   Männer gegenüber Frauen und umgekehrt mit Anspruch auf Vormachtstellung, auch mit körperlicher und seelischer Gewalt

7. **Kulturel-religiöse, rassistische oder ideologische Dominanz:** dies wird sichtbar über Uniform; Kopftuchpflicht; Sprache; Kultur; Ehrenmord; Kirche; Rechtsform; Diskriminierung von ethischen Gruppen

8. **Dominanz von Institutionen, Militär, Kartelle, kriminelle Organisationen:** sowie als weitere Beispiele: Polizeistaat; Schutzgeld; Vendetta

Sonderform von Dominanz: Dominanz der Ignoranz mit Realitätsverlust durch Bevölkerungsmehrheiten! Diese Beispiele veranschaulichen die Komplexität und das soziale Gefüge bei Dominanzformen des Menschen.

Anthropologen, wie z.B. Arnold Gehlen, führen hierfür folgende Begründung an: »Als Mängelwesen würden Menschen ihre biologischen Mängel über gesellschaftliche Strukturen, wie Institutionen, Rechtsformen, Kultur, Sprache, Technik kompensieren, um damit ihr Überleben abzusichern.« Mit diesen Zusammenhängen beschäftigen sich nicht nur Anthropologen, sondern auch Soziologen und Biologen, nämlich dahingehend, ob die Spezies Mensch eine defizitäre Sonderform sei, oder ob sie sogar als Irrläufer der Evolution anzusehen ist. Die Anthropologie mit Anfängen bei Cicero, später über die philosophische und psychologische Anthropologie von Kant, Herder, Heidegger oder Scheler leisten hierzu wesentliche Beiträge.

Von Max Scheler (1928) stammt auch folgende Aussage: »Wir sind in der letzten 10.000-jährigen Geschichte das erste Zeitalter, in dem der Mensch völlig und restlos problematisch geworden ist, indem er nicht mehr weiß, wer er ist, zugleich aber auch weiß, dass er es nicht weiß.« Die wohl wichtigste Fragestellung der philosophischen Anthropologie aber bleibt: »ob der Mensch seine vielschichtige soziale Intelligenz dazu nutzen kann, um sich mit sich selbst zu versöhnen – oder, ob der Mensch die Kreatur bleibt, von der Gewalt und Krieg weiterhin beständig ausgeht?«

Nehmen wir menschliches Sozialverhalten, das zugegebenermaßen eine große Bandbreite aufweist, näher unter die Lupe, wird neben tatsächlich sozialem, fürsorglichem Verhalten, das uns als Menschen durchaus möglich ist, Dominanzverhalten auch ganz anders zum Ausdruck gebracht. So können Dominanzformen auch über Kriege, Folter, Selbstmordattentate oder perfide Anschläge mit nuklearen oder chemischen Waffen ablaufen. Die menschliche Entwicklung macht es außerdem möglich, dass wir Täuschungsmanöver planen können oder dass wir imstande sind, darüber nachzudenken, wie wir denken (META-Kommunikation).

Interessant ist auch, dass Dominanzgesten bei Menschen selbst in scheinbar unlösbaren Konfliktsituationen gezeigt werden, z. B. um die eigene Unsicherheit oder Ängste zu kaschieren, ebenso wie Widersprüche oder Fehler. Die wachsende Komplexität unserer Zivilisation ist voller Zielkonflikte und Widersprüche: Für viele Menschen stellt diese Entwicklungsform eine Überforderung dar, die sich zunehmend über Aggressionen, Depressionen oder spezielle Dominanzformen ventiliert.

7.7 Dominanzformen in der »artübergreifenden Kommunikation« zwischen Menschen und Hunden

Der Frage, wie sich unterschiedliche Formen der Dominanz auch unter dem Aspekt von divergierendem Sozial- und Kommunikationsverhalten von Hund und Mensch auswirken, soll nun besondere Beachtung geschenkt werden.

Wie dargestellt, haben Formen der Dominanz bei Mensch und Hund sehr unterschiedliche Kontexte im Spektrum von Kommunikations- und Sozialverhalten. Das Kommunikationsspektrum von Menschen, Hunden und Wölfen divergiert ganz entscheidend und kann keinesfalls einfach eins zu eins übertragen werden, ganz abgesehen von der unterschiedlichen Verhaltensbiologie der Arten.

Damit steht auch sogleich die Frage nach vorprogrammierten Missverständnissen zwischen Hund und Mensch im Raum!

Es ist festzuhalten: Dominanzgesten können sowohl vom Menschen wie auch vom Hund ausgehend, gezeigt werden! Hinsichtlich ihrer Qualität und Quantität sind sie aber sehr unterschiedlich.

7.7.1 Dominanzgesten von Hunden gegenüber Menschen

Auch Hunde können Menschen gegenüber Gesten der Dominanz zeigen:

1. Der Hund verwehrt dem Ehepartner den Zutritt ins Schlafzimmer oder lässt ein Familienmitglied oder einen Gast das Haus oder Zimmer nicht betreten, obwohl der Halter dies ausdrücklich wünscht.

2. Der Hund beschneidet den Weg seines eigenen Halters.

3. Der Hund verteidigt gegenüber dem Halter mit Knurren massiv sein Spielzeug oder das Futter.

4. Der Hund verteidigt seinen Lieblingsplatz, z. B. das Sofa, aggressiv gegenüber seinem Halter und ist nicht bereit, von dort zu weichen.

5. Der Hund fordert ständig etwas vehement und permanent ein: Spiel, Futter, Zuwendung.

Es ist festzuhalten, dass eine einzelne Geste der Dominanz, die Hunde zeigen, noch längst keine »Palastrevolution« darstellt, sondern im Normalbereich von hundlichem Verhalten liegt. Mit seinem Verhalten stellt der Hund auch eher die Frage: Muss ich das wirklich, gibt es keine Ausnahme? Auch andere Kontexte, z. B. wenn der Hund gerne erhöht auf dem Sofa liegt, seiner wertgeschätzten Ressource, sollte das nicht als Dominanzverhalten per se gewertet werden. Auch nicht, wenn er als erster aus Neugierde oder wegen einer vermeintlichen Gefahr durch die Türe geht oder Spielaufforderungen aus Unterbeschäftigung, langer Weile oder Reizarmut zeigt. Hierbei geht es für den Hund um Komfort oder sogar um eine berechtigte Beschwerde an einen möglicherweise langweiligen und wenig kreativen Hundehalter. Um zu leben und zu überleben verfolgen Menschen wie Hunde Interessen und Ziele: Ressourcen werden erobert und verteidigt.

Das ist Grundlage eines gesunden evolutionsbiologischen Verhaltens. Unterschiedliche Zielsetzungen verschiedener Individuen führen zwangsläufig zu Zielkonflikten, über die es zu verhandeln gilt. Schon bei Platon ist zu lesen: »Kommunikation bedeutet, Konflikte kommunikativ zu lösen.« Hunde können dies – wir Menschen manchmal auch!

7.7.2 Formen der Dominanz seitens des Menschen gegenüber Hunden

Ein Dominanzverhalten gegenüber Hunden beginnt beim Menschen bereits beim Verständnis über Zuchtselektionen bei Hunden. Hier stehen eindeutig drei Kriterien im Vordergrund.

1. **Rassestandards und Exterieur von Hunden**
   Diese Standards bezahlen Hunde oft mit ihrer Gesundheit! Wer weiß schon, dass auch Fellfarben oder Tüpfelungen wie beim Dalmatiner Einfluss auf die Gesundheit oder das Verhalten – auch Verhaltensstörungen – haben können? So leiden Dalmatiner häufig an Taubheit oder Schwerhörigkeit. Andere Beispiele wie die Zuchtselektion des »Kindchenschemas« – eine ganz flach gezüchtete Nase wie beim Pekinesen oder Mops –, bedeutet für diese Tiere oft, ein Leben wie ein Asthmatiker zu führen oder sich einer Operation unterziehen zu müssen, um die Atmungsorgane wieder instandzusetzen. Pervers mutet meines Erachtens teils auch die Zucht von Miniaturhunden an, die dann teilweise keine geschlossene Schädeldecke mehr aufweisen, z. B. einige Chihuahuas! Warum wird das gemacht? Nur um im Ausschnitt einiger Damen als »Leichtgewicht« und »Mode-Gag« transportiert zu werden? Hierbei handelt es sich eindeutig um tierschutzrelevante Qual- und Defektzuchten! Besonders erschreckend ist, dass es immer weniger gesunde Hunderassen gibt. Zu den häufigsten Krankheiten gehören unter anderem Epilepsie, Herzerkrankungen oder der Verlust der Fähigkeit, natürlich – ohne Kaiserschnitt – Nachwuchs auf die Welt bringen zu können. Dies sind nur einige Beispiele von Zuchtfolgen, bei denen sich menschliche Exzentrik als unverantwortliche Dominanzsonderform offenbart.

Möpse fristen aufgrund ihrer flachgezüchteten Nasen ihr Leben oft wie Asthmatiker. Eine Trendwende in der Hundezucht zur Tiergesundheit beginnt sich erst langsam durchzusetzen.

2. **Unkontrolliert ihr Unwesen treibende Hunde-Vermehrer**
   Hierbei handelt es sich um skrupellose Zeitgenossen, die Hunde als Ware wie »am Fließband« produzieren und die Tiere damit regelrecht ausbeuten.

   Die Welpen aus diesen »Hundefabriken« sind meist krank und haben keine Chance, gut sozialisiert zu werden, da sie häufig viel zu früh – oft bereits mit wenigen Wochen – der Mutter entrissen werden. Viele sterben oder leiden lebenslänglich an Krankheiten. Die Tiere werden zuvor oft in dunklen Heizungskellern ohne jemals das Sonnenlicht gesehen zu haben, ohne Ansprache und Sozialkontakt »zwangsgehalten« und weisen entsprechende Deprivationserscheinungen auf (Folgen, die durch Reizentzug entstehen, wie z. B. Ängste, Umweltunsicherheit oder ein gestörtes Sozialverhalten). Ebenso sind Verhaltensstörungen eine häufige Konsequenz!

   Es ist unserer Gesellschaft und auch dem Gesetzgeber anzulasten, dass hier kein wirksamer Riegel vorgeschoben wird. Dies gilt für Fälle im Inland wie im Ausland. Auch verschärfte Grenzkontrollen fehlen, und die Strafen sind nach wie vor viel zu milde, sodass es sich auch für überführte Tätern immer noch lohnt, weiterzumachen, um sich finanziell mit so genannten »Wühltischwelpen« die Taschen zu füllen.

Die Strafen schrecken kaum ab und so werden die Tiere ungehindert weiter ausgebeutet. Kranker und lebensunfähiger Nachwuchs wird in Kauf genommen und die Welpen werden dennoch anderen Leuten »angedreht«, die dann wie diese Hunde mit den Folgen leben müssen.
Ein solches Vorgehen stellt eine weitere Form von menschlichem skrupellosen und verachtenswerten Dominanzverhalten dar.

Und eines sei gesagt: Wer solche Fälle sieht, dabei wegguckt und nicht zur Anzeige bringt, der macht mit! Würden alle Zeitgenossen, die Tiermissbrauch sehen, diesen zur Anzeige bringen, wäre dies mit hoher Wahrscheinlichkeit mindestens genauso wirksam, wenn nicht sogar bedeutend wirksamer als die bestehenden Gesetze, die oft nur halbherzig und als »Gummiparagraphen« zur Anwendung kommen.

3. **Aversive Ausbildungsmethoden von Hunden mit Zwangsmitteln**
   Dazu gehören Teletaktgeräte (Elektroschockgeräte) oder »Spray-Commander«, wie auch sonstige Zwangsmittel aller Art. Diese sind zwar rechtlich strikt verboten, werden aber trotzdem noch auf Messen, in Jagdkatalogen oder im Internet angeboten. Außerdem werden diese leider nach wie vor auch in einigen Hundeschulen oder sogar teilweise bei der Polizei eingesetzt. Über den Einsatz dieser tierschutzrelevanten Geräte, wie Elektroschocker werden Hunde traktiert, es werden ihnen Schmerzen zugefügt, um sie »gefügig« zu machen und um ihren Willen zu brechen.
   Schwere gesundheitliche – oft irreversible Schäden (physischer und psychischer Art) sind die häufigen Folgen. Vor allem aber auch die Zerstörung der Mensch-Hund-Beziehung.

4. **Stigmatisierung bestimmter Hunderassen**
   Erfreulicherweise ist eines festzuhalten: »Faktisch gefährliche Hunde« sind ganz klar die Ausnahme. Beißvorfälle könnten wie ausgeführt – in der überwiegenden Zahl – da sind sich Fachleute einig, verhindert werden. Die Tatsache, dass die überwiegende Zahl der Beißvorfälle im familiären bzw. nachbarschaftlichen Kontext mit sogenannten »Haushunden« geschieht, sollte uns nachdenklich stimmen!

Um hier Abhilfe zu schaffen, brauchen wir Sachkundepflicht für jeden Hundehalter, Heimtierkunde im Schulunterricht und vor allem auch ein Heimtierzuchtgesetz. Hierin sind wir noch weit von einer Umsetzung entfernt, obwohl die Schweiz bereits den Sachkundenachweis (SKN) im 3. Jahr gesetzlich vorschreibt und auch in Österreich regional Hundeführerscheine (z. B. in Wien) zumindest fakultativ eingeführt worden sind.

Was aber geschieht hierzulande zur vermeintlichen »Gefahrenabwehr« – also um Beißvorfälle zu verhindern? In fast allen Bundesländern werden »Beruhigungspillen« über die »Maßnahme Hunderasselisten« verteilt. Hunde bestimmter Rassen – umgangssprachlich als »Kampfhunde« deklariert – sollen über Maulkorb- und Leinenzwang »in Schach gehalten« werden. Deutsche oder Österreichische Bundesländer haben – wie auch zahlreiche Schweizer Kantone – variabel unterschiedlichste Rasselisten eingeführt.

So wird beispielsweise ein Hund einer bestimmten Rasse aus dem Kanton Aargau in der Schweiz, wo es keine Rasselisten gibt – dann über die Einreise ins Tessin – binnen Stunden zum »gefährlichen Hund« – allein aufgrund Rassezugehörigkeit deklariert!

Nochmals sei betont: Es gibt »keine genetische Spezies Kampfhunde« und auch keine »gefährlichen Hunderassen«!

Hunde der Rassen, wie z. B. Pitbull Terrier, Bull Terrier, Staffordshire Terrier sind international auf keiner Beißstatistik unter den ersten zwanzig oder dreißig Rassen von Beißstatistiken zu finden, oft nicht einmal unter den ersten 60 oder 70 erfassten Rassen in der Beißstatistik, wie z. B. in Rheinland-Pfalz (auch unter Berücksichtigung der Populationszahlen!). Weiterhin bestehen Hunde dieser Rassen die sogenannten Wesenstests mit bis zu über 93 % – wie z. B. im Schwarzwald-Baar-Kreis, belegt wurde. Dies auch im Wiederholungsfall!

Die Tabelle auf Seite 74 zeigt, welche Hunderassen in deutschen Bundesländern nach geltenden Landes-Hundegesetzen und -verordnungen derzeit – allerdings ohne wissenschaftliche Grundlagen – als gefährlich eingestuft werden.
(Quelle Wikepedia)

Hunde der Rassen wie z. B. Pitbull Terrier, Bull Terrier, Staffordshire Terrier sind international auf keiner Beißstatistik unter den ersten zwanzig oder dreißig Rassen zu finden.

Rasselisten in Deutschland nach Bundesländern

	BW	BY	BE	BB	HB	HH	HE	MV	NI	NW	RP	SL	SN	ST	SH	TH
Alano		x		x						x						
American Bulldog		x					x			x						
(American) Pit Bull Terrier	x	x	x	x	x	x	x	x		x	x	x	x	x	x	x
American Staffordshire Terrier	x	x	x	x	x	x	x	x		x	x	x	x	x	x	x
Bandog		x														
Bullmastiff	x	x	x	x		x				x						
Bullterrier	x	x	x	x	x	x	x	x		x			x	x	x	x
Cane Corso Italiano		x		x												
Dobermann				x												
Dogo Argentino	x	x	x	x		x	x			x						
Dogue de Bordeaux	x	x		x		x										
Fila Brasileiro	x	x	x	x		x	x			x						
Kangal						x	x									
Kaukasischer Owtscharka						x	x									
Mastiff	x	x	x	x		x				x						
Mastín Español	x	x	x	x		x				x						
Mastino Napoletano	x	x	x	x		x				x						
Perro de Presa Canario		x		x												
Perro de Presa Canario (Dogo Canario)		x		x												
Perro de Presa Mallorquin		x		x												
Rottweiler		x		x		x	x			x						
Staffordshire Bullterrier	x	x		x	x	x	x	x		x	x	x		x	x	x
Tosa Inu	x	x	x	x		x				x						

Länderkürzel BW: Baden-Württemberg, BY: Bayern, BE: Berlin, BB: Brandenburg, HB: Bremen, HE: Hessen, HH: Hamburg, MV: Mecklenburg-Vorpommern, NI: Niedersachsen, NW: Nordrhein-Westfalen, RP: Rheinland-Pfalz, SL: Saarland, SN: Sachsen, ST: Sachsen-Anhalt, SH: Schleswig-Holstein, TH: Thüringen

Die Stigmatisierung bestimmter Hunde und Hunderassen als sogenannte »Kampfhunde«, die es als genetische Spezies selbstverständlich nicht gibt, sind Beispiele für menschliche Dominanzwillkür und auch für Dummheit. Leider mit oft grausamen Folgen für Hund und Halter! Hunde werden von Geburt an unter einen Generalverdacht der »Gefährlichkeit« gestellt, auch ohne Beißvorfall! Sie werden mit Maulkorb- und Leinenzwang belegt, was erst zu Problemen führt – wie wissenschaftlich belegt, da diese Hunde mit Maulkorb nicht mehr ihr eigentliches Kommunikationsrepertoire mit anderen Hunden trainieren können. Weiterhin müssen sich Hunde fragwürdigen Wesenstests unterziehen, die kaum ein Mensch bestehen würde. Die Halter müssen zudem höhere, teilweise astronomische Hundesteuern bezahlen. Auch dies sind erschreckende und mittelalterlich anmutende Beispiele für ein absurdes Dominanzverständnis einer »verirrten« Hundepolitik in vielen Ländern Europas. Seit 2010 tötet auch Dänemark Hunde allein aufgrund deren Rassezugehörigkeit! Seitdem wurden über 1400 Hunde sinnlos ermordet! Diese Hunde bestimmter Rassen, die – wie dargestellt – bei der Anzahl der Beißvorfälle eine untergeordnete Rolle spielen, wurden und werden nach völlig unwissenschaftlichen, dafür populistischen Kriterien stigmatisiert, verfolgt, oft sogar euthanisiert (s. auch Forensische Gutachten D. Feddersen-Petersen). Und sie werden oft von jenen Amtsträgern, aber auch Bürgern verfolgt, die von Hunden nichts verstehen! Und niemals werden Menschen für das irreversible Unheil, was sie damit unzähligen Hunden und ihren Halten antun, zur Rechenschaft gezogen. In diesem Zusammenhang soll auf die Euthanasie-Quoten an Hunden in den einzelnen Bundesländern verwiesen werden, wo das Bundesland Hessen in den letzten zehn bis fünfzehn Jahren mit Abstand die höchste Euthanasiequote per Dienstanweisung in Deutschland vorzuweisen hatte.

7.8 Sitzen wir als Menschen derzeit in einer Dominanzfalle?

Sicherlich ist dies der Fall auch dann, wenn wir Hunde für ihr »Anderssein« bestrafen, ihre Persönlichkeit brechen oder ihnen unseren Willen aufzwingen. Statt Gewaltausübung als Reaktion auf vermeintlich dominante Hunde, sollten wir von Hunden lernen, z. B. von ihrer eindeutigen und differenzierten Kommunikationsfähigkeit. Hunde haben kein Interesse an unseren Machtspielen. Sie planen auch nicht die Übernahme unserer Welt! Und wer nicht begreift, dass Hunde liebgewonnene Ressourcen wie ein gemütliches Sofa gerne behalten möchten und ihnen keine Alternative anbietet, wenn z. B. die neue Leder-Couch geliefert wird, der sollte sich fragen, ob er sich selbst denn so einfach seine Couch nehmen ließe?

Sprechen wir mit unseren Hunden, fördern wir sie, seien wir fair, dann werden sie gerne mit uns kooperieren! Hingegen zeigt Gewalt in der Erziehung stets eines an: Es fehlt an Wissen und Gewissen!

Die Vorstellung mancher Zweibeiner, dass Hunde oder Wölfe ständig in Kämpfen um Rangordnung stehen, ist allein menschliche Phantasie. Dagegen ist die Frage, die sich immer wieder stellt, angebracht: Wie klar, wie eindeutig, wie konsequent ist unsere menschliche Kommunikation? Lernen wir von Wölfen und Hunden von ihrer souveränen Führung und Kommunikation! Menschliche Kommunikation hingegen zeigt häufig Tendenzen zu Unklarheiten, Täuschungsabsichten, Widersprüchlichkeiten und Machtgehabe.

Auch schon bei Antoine de St. Exypery ist im »Kleinen Prinzen« nachzulesen: »L'homme, c'est l'individue contradictoire. Der Mensch ist ein höchst widersprüchliches Lebewesen!«

Damit stehen wir vor großen Aufgaben in der »artübergreifenden Kommunikation« mit unseren Hunden, denn wir müssen begreifen, dass Dominanzgesten und -verhalten unserer Hunde nicht mit den unseren gleichzusetzen sind. Somit sind wir gefordert, uns nicht nur Kenntnisse aus der Verhaltensbiologie von Hunden anzueignen, sondern vor allem das Ausdrucksverhalten von Hunden zu erlernen, um mit ihnen in einen gemeinsamen Dialog eintreten zu können.

Dies bedeutet: Lernen im gegenseitigen Geben, Nehmen und Miteinander! Und Kommunikation bedarf grundsätzlich einer Selbstklärung:

Was will ich – und was nicht? Eine ambivalente Kommunikation: »Komm, sitz bleib, geh'«, die oft von verschiedenen Personen gleichzeitig an den Hund erfolgt, *so etwas würde Hunden niemals passieren.*

Da wir als Menschen offensichtlich so wenig souveräne Führungsvorbilder haben, wird ein Widerspruch seitens unseres Hundes oft als Attacke auf den eigenen Führungsanspruch gedeutet. Nicht selten mit fatalen weiteren Fehlleistungen, wie Strafe und Gewalt gegenüber einem Hund, dessen Sprache nicht verstanden wird. Leider manchmal bis hin zur Eskalation oder zur Zerstörung von Bindung und Beziehung zwischen Mensch und Hund. Mit gewalttätigen Reaktionen kann der Hund nichts anfangen. Er wurde gewaltfrei, spielerisch und konsequent in seiner Familie erzogen! Unerwünschtes Verhalten wurde einfach ignoriert oder schlimmstenfalls begrenzt. Wer sich also als Hundeführer über Unkenntnis oder emotionale Instabilität selbst demontiert, die Bindung und das Vertrauen seines Hundes verspielt, indem er für den Hund nicht nachvollziehbares Verhalten verlangt, der muss sich nicht wundern, dass mancher Hund unsinnigen – für ihn teilweise risikoreich erscheinenden Befehlen – nicht nachkommt!

Die Zauberworte aber könnten sein: Beobachten, Zuhören, Schweigen, Reflektieren und Lernen.

8

Die Sprache der Hunde ... weil Hunde sprechen können

KAPITEL 8

Hunde erklären uns ihre Welt über ein hochdifferenziertes Ausdrucksverhalten und über eine ebenso hochkomplexe Vokalisation. Beides wird zusammen eingesetzt. Diese Kommunikation setzen Hunde selbstverständlich auch im Dialog mit anderen Hunden und Tieren ein.

Es reicht also nicht aus, nur die Körpersprache, das Ausdrucksverhalten, von Hunden ohne deren gezeigte Lautäußerungen beobachten und analysieren zu wollen. Hunde verfügen über ein Multi-Kommunikationssystem, bei dem die gesamte Sinneswahrnehmung miteinander verknüpft ist. Sei es das Riechen, das Fühlen, das Hören, das Sehen, das Tasten oder das Schmecken. Ein Hund, der riecht, fühlt zugleich! Und stellen wir uns einmal vor, wir hätten wie unsere Hunde etwa 220 Millionen Geruchszellen und nicht nur fünf Millionen. Was würden wir draußen in der Natur für einen Sinnesrausch erleben! Wir erlebten einen Sinnesrausch, der uns sicherlich mehr Verständnis für unsere Hunde brächte, wenn diese in der freien Natur einmal schnüffeln und einfach »Zeitung lesen« wollen. Aber diese Welt bleibt uns als Zweibeinern insgesamt bis auf einen kleinen Ausschnitt verwehrt, gemessen an dem, was unsere Hunde alles *wahrnehmen.* Und über ihr Geruchssystem kommunizieren Hunde auch mit uns Menschen insofern, als sie riechen, was mit uns los ist. Sie riechen unsere inneren Zustände, wie Ängste, Krankheiten oder Stress. Hunde sind also gar nicht darauf angewiesen, uns allein über unsere Stimme und Körpersprache wahrzunehmen und beides zu deuten. Das geht soweit, dass ausgewiesene Verhaltensforscher, wie zum Beispiel Eberhard Trumler, davon ausgingen und ausgehen, dass Hunde meist längst schon vor uns wissen, wie es uns geht, also bevor wir unsere Verfassung selbst realisieren, wenn überhaupt! Damit wird klar, dass Hunde uns stets durchschauen und Verstellungsversuche ihnen gegenüber völlig untauglich sind!

8.1. Mimische Kommunikation

Wenn es bei uns Menschen heißt: »Am Anfang war das Wort!«, so bedeutet dies noch lange nicht, dass dieses Wort dann auch eingehalten wird oder der Wahrheit entspricht. Ein bedeutender Unterschied zu der Kommunikation bei Hunden: Das »Wort« der Hunde gilt!
Wenn Hunde über ihr differenziertes Ausdrucksverhalten sprechen, bei dem sie auch Mischausdruckszeichen einsetzen, dann ist ihre Sprache und Aussage authentisch und zuverlässig. Das gezeigte Kommunikationsrepertoire der Hunde transportiert ihre Stimmung und ist stimmig!
Das bedeutet für uns, dass wir ebenso eindeutig mit Hunden kommunizieren müssen, wenn wir von ihnen verstanden werden wollen, denn Hunde nehmen jede Unklarheit oder Widersprüchlichkeit wahr!
Zuvor brauchen wir allerdings eine wichtige Grundlage: Wir müssen »Hundisch« lernen, genauso, wie wir Italienisch oder Französisch als Fremdsprache lernen, bevor wir mit Italienern oder Franzosen sprechen können.

Beginnen wir mit dem Kapitel »Mimische Kommunikation von Hunden«. Und wir treffen auf eine Vielfalt von außergewöhnlichen Ausdruckszeichen und Zusammenhängen:
1. Formen des Lächelns bei Hunden,
2. Blickausdrucksverhalten und
3. Kopfhaltungen.

8.1.1 Formen des Lächelns bei Hunden

Die Wissenschaft unterscheidet bei der stammesgeschichtlichen bzw. biologischen Entwicklung des Lächelns bei Hunden sogar verschiedene Formen und Kontexte, wie z. B. zwischen dem »sozialen Lächeln«, was Hunde uns Menschen gegenüber zeigen, oder andererseits dem »Submissive Grin«.
Grundsätzlich dient ein Lächeln verhaltensbiologisch auch zur Aggressionshemmung. Nicht nur Menschen zeigen über ein Lächeln die Fähigkeit zur Aggressionshemmung. Gleichzeitig werden soziobiologisch durch das Lächeln Sozialkontakte gefördert und gefestigt! *(Irenäus Eibl-Eibesfeld »Grundriss der vergleichenden Verhaltensforschung«)*

Das »Lächeln bei Hunden« divergiert erheblich von Rasse und Kontext und ist zudem abhängig vom Kommunikationspartner.

Allerdings weisen menschliche Formen des Lächelns ein großes Spektrum auf, das vom Lachen, über Grinsen bis hin zum Verzweiflungs- oder Verlegenheitslächeln reicht. Bei Hunden wird das »Lächeln« neben dem »Submissive Grin«, dem sogenannten Furcht- bzw. Unterwerfungsgrinsen, in verschiedensten Kontexten und Variationen gezeigt und ist keinesfalls nur Ausdruck von Freude und freudiger Erregung. Wölfe hingegen lächeln nicht, zeigen aber ein »Submissive Grin«. Wissenschaftler gehen derzeit davon aus, dass die beiden Formen des Grinsens bzw. des Lächelns unterschiedlichen Entwicklungslinien entstammen, aber letztlich eine Konvergenz, also Zusammenführung, zeigen, indem sich das »soziale Lächeln« von Hunden gegenüber dem Menschen aus dem »Submissive Grin« entwickelt haben soll. *(Dorit Feddersen-Petersen: Ausdrucksverhalten beim Hund)*

8.1.1.1 Lächeln bei Kaniden als »Submissive Grin«

Die Formen des »Submissive Grin« sind häufig mischmotiviert und können sowohl bei Wölfen wie auch bei Wild- und Haushunden beobachtet werden: Es offenbart sich über ein Anspannen der Mundmuskeln mit häufig gleichzeitiger Blickvermeidung. Das »Submissive Grin« deutet auf Ängstlichkeit und Unsicherheit hin und ist bei Wild- und Haushunden auch als ein Zeichen von Beschwichtigung und Unterwerfung zu beobachten. M. Fox beschreibt in seinen Arbeiten 1969 und 1971, dass Hunde gleichzeitig beim Furchtgrinsen die Stirn glattziehen. Die Ohren sind dann dachziegelförmig seitlich gestellt, die Augen bilden einen verengten Schlitz; dies bei gleichzeitig zurückgezogenen Mundwinkeln.
Aus dem vorgestellten hundetypischen Grinsen können sich im weiteren Kommunikationsverlauf auch weitere Signaleinheiten und Bedeutungen ergeben.

8.1.1.2 Das Signal der »passiven Demut«

Bei der sogenannten »passiven Demut«, wie sie der Basler Ethologe Rudolf Schenkel beschreibt, zeigen Hunde das Furchtgrinsen gewissermaßen als eine erregte Anspannung mit aufgestellten Haaren und kriechenden Bewegungen, die z. B. am Aggressor vorbeiführen. Außerdem kann sich passive Demut über einen langen Lippenspalt sowie das Lecken der eigenen Lippen (Licking Intention) oder über ein »Sich-auf-den-Rücken-Rollen« mit dortigem Verharren zeigen.

Freundliche, respektvolle Kontaktaufnahme.

Die Übergänge bei Signalkomponenten geschehen in rasantem Tempo, oft in Bruchteilen von Sekunden. Daraus folgen verständlicherweise häufig menschliche Fehldeutungen! Auch hier hilft es wieder, den Gesamtkontext beim Kommunikationsgeschehen im Auge zu behalten!

8.1.1.3 Entwicklungen aus dem Spiel auch zum Defensivdrohen

Schon in der Junghundeentwicklung hat das Lächeln eine Bedeutung: Bereits Welpen zeigen differenzierte Spielgesichter, aus denen spielerische Beißintentionen, die nicht aggressiv sind, hervorgehen können. Dabei zeigt sich ein Lächeln unter anderem darin, dass bei Spielbeginn die Zähne entblößt sind und ein Blickkontakt gehalten, nicht vermieden wird. Häufig sind die Ausdrücke mischmotiviert, also auch ambivalent, und können in ein Defensivdrohen übergehen.

8.1.1.4 Lächeln als Zeichen freudiger Erregung gegenüber Menschen

Hunde zeigen uns Menschen allein und ansonsten keiner anderen Art gegenüber dieses Lächeln in freudiger Erregung in vielfältigsten Ausprägungen als Ausdruck von Freude und Zuneigung! Dass Hunde und Tiere ein reiches Gefühlsspektrum besitzen, hat bereits Charles Darwin in seinen Verhaltensbeobachtungen in vielfältigen Formen dargestellt. Auch zu denen des Lächelns, hat er Aussagen getroffen, wie in seinen Veröffentlichungen in »The Expression oft the Emotions in Man and Animals«, 1872, nachzulesen ist! Diese Ausgabe beschäftigt sich mit Gefühlen und Gefühlsäußerungen bei Menschen und Säugetieren, auch bei Primaten.

Bei der jetzt vorgestellten Form des Hunde-Lächelns handelt es sich um eine ganz andere als beim »Submissive Grin«. Hunde

Bei Dalmatinern ist häufig ein hochfrequentes Hochziehen der Oberlippe zu beobachten. Dies wird zur Begrüßung oder als Ausdruck der Freude gezeigt.

zeigen hierbei ein entspanntes »Mundoffengesicht«, das sogenannte »Relaxed open Mouth-Display« meist ganz ohne Elemente der Unterwerfung oder der Beschwichtigung. Es ist eine entspannte Form sozialer Kommunikation seitens des Hundes gegenüber uns Menschen, gleichzeitig auch mit Blickkontakt.

Ein weiteres Kennzeichen dieses Lächelns besteht darin, dass Hunde die Oberlippe bei geöffnetem Mund nach oben ziehen. So ist bei Dalmatinern oder Großpudeln – aber auch bei anderen Hunderassen – ein hochfrequentes Hochziehen der Oberlippe zu beobachten: dies zur Begrüßung des Menschen und oder auch als Ausdruck von Freude, oftmals begleitet durch kehlige, gekeuchte, geräuschvolle Schnauflaute (Patricia Simonet). Der Kopf wird dabei zuweilen in verschiedenen Variationen zur Seite gelegt, dies bei entspannter Haltung. Dieser sichtbare Ausdruck der Freude kann im Ausdrucksverhalten noch gesteigert werden, wenn Hunde tänzelnd in Wald und Flur um ihren Menschen herumspringen! Jeder aufmerksame Hundehalter kann beobachten, wie Hunde, je nach Hundepersönlichkeit und in unterschiedlicher Ausprägung, ihrer Freude Ausdruck verleihen. Hervorgehoben werden soll dabei nochmals, dass Hunde nur uns Menschen gegenüber dieses Lächeln der Freude zeigen. Als Erklärung bietet sich dafür die gemeinsame jahrtausendealte Co-Evolution zwischen Mensch und Hund an: Wir haben auch genetisch »gelernt«, uns zu verstehen und uns sogar genetisch wechselseitig beeinflusst! Keine andere Art versteht uns Menschen so gut wie unsere Hunde!

8.2.1 Blickausdrucksverhalten

Auch beim Blickausdrucksverhalten gilt es – wie bei jedem anderen Ausdruckssignal – und das ist zu betonen, stets den gesamten Kontext im Kommunikationsgeschehen zu beobachten und nicht ein Signal losgelöst zu beurteilen.

8.2.1.1 Deeskalation und Beschwichtigung

In Situationen, wo Hunde beschwichtigen bzw. deeskalieren wollen, zeigen sie dies auch über Blickverkürzen oder ein Augenzwinkern. Einhergehen damit meist weitere Signale wie den Kopf abwenden, Gähnen, den Schritt verlangsamen oder das »Lächeln«, um eine freundliche Gestimmtheit beim Gegenüber zu bewirken.

8.2.1.2 Ausdrucksverhalten und Lautäußerungen bei Angst und Stress

Auch hier sind die bei Beschwichtigung und Deeskalation vorgenannten Signale zu beobachten. Darüber hinaus können beim Blickausdrucksverhalten weit aufgerissene Augen, ein flackernder Blick sowie eine veränderte Augenfarbe, teilweise auch mit einem Schleier auf den Augen, festgestellt werden. Sehr häufig ist dieses Phänomen auch bei traumatisierten Hunden zu beobachten. Ein Fixieren von Gegenständen oder Personen kann ebenfalls auf Stress-Symptome hindeuten. Begleitet werden diese Signale durch zahlreiche weitere, wie z.B. ein Vibrieren der Tasthaare, Lautäußerungen des Hechelns oder auch »Achterschlingenlaufen« als Form einer Bewegungsstereotypie.

8.2.1.3 Ausdruckssignale bei agonistischen Auseinandersetzungen

In agonistischen Auseinandersetzungen – also Droh-, Kampf- und Fluchtverhalten – zeigen Hunde über Drohfixieren und Anstarren des Gegenübers die Möglichkeit an, dass ernsthafte Konflikte und kämpferische Auseinandersetzungen anstehen können. Deshalb sollten Menschen auch Hunde grundsätzlich nicht anstarren, da dies von Hunden als massive Bedrohung wahrgenommen wird. Auch das Fixieren des Gegenübers mit Zähneblecken und/oder Maulaufreißen ist bereits als Distanzdrohung aufzufassen. Drohfixieren zeigen Hunde auch – insbesondere Herdenschutzhunde – wenn sie Nutztiere bewachen wollen.

8.2.1.4 Imponiergehabe

Ein Hund kann seine Überlegenheit auch durch betontes Wegschauen zeigen, als Form eines Imponiergehabes. Imponiergehabe kann aber auch mit hocherhobenem Kopf erfolgen, wobei der Kommunikationspartner dann angeschaut wird. Oft wird dieses Ausdruckssignal von Hunden zusammen mit einer hölzernen Gangart und hocherhobener Rute gezeigt.

8.3 Kopfhaltungen

Kopfhaltungen spiegeln in ganz entscheidender Weise die Gestimmtheit und Motivationslage von Hunden wider. Auch hier ist die Beurteilung im Einzelfall stets im situativen Kontext mit den anderen Ausdruckssignalen unerlässlich. An dieser Stelle sollen einige Kopfhaltungen – stellvertretend für viele andere – aufgezeigt werden.

8.3.1 Aktive Unterwerfung

Aktive Unterwerfung kann sich an einem leicht gesenkten Kopf oder Genick bis hin zu seitlich abgetauchter Kopfhaltung zeigen; dies zusammen mit dem »Submissive Grin« als Ausdruck des »sozialen Grüßens« und auch als Form einer respektgebenden Geste.
(R. Schenkel, D. Feddersen-Petersen)

8.3.2 Selbstsicherheit, Aufmerksamkeit und Imponieren

Ein hoch erhobener Kopf deutet auf Umweltsicherheit eines Hundes hin und häufig wird dies bei Hunden mit einem hohen Sozialstatus gezeigt. Gleichzeitig kann es auch Gestik des Imponierens sein. Dann werden Kopf und Gesicht – wie ausgeführt – direkt einem anderen Hund zugewandt. Aufmerksamkeit zeigen Hunde über einen angehobenen Kopf an.

8.3.3 Angst, Stress und Unsicherheit

Hunde zeigen in für sie unsicher erscheinenden oder angstbesetzten Situationen häufig einen eingezogenen oder abgeduckten Kopf zusammen mit anderen Indikatoren, wie aufgestellte Rücken- und Nackenhaare. Dabei ist der Blick häufig eher nach oben gerichtet.

Begegnung umweltsicherer Hunde: Elo trifft Schäferhund.

8.3.4 Beschwichtigung, Deeskalation

Häufig ist zum Konfrontationsabbau ein deutliches Kopf-zur-Seite-Drehen als Form der passiven Unterwerfung, gleichzeitig mit einem »Im-Bogen- oder Parallel-zum-anderen-Hund-Gehen« zu sehen. Gleichzeitig wird der Blick verkürzt. Auch ein Gähnen, Lächeln oder Übersprungshandlungen sind zu sehen.

8.3.5 Spielaufforderung

Zur Spielaufforderung zeigen Hunde eine tiefe Kopfhaltung mit einer Oberkörper-Tiefschrägstellung, oftmals zusammen mit auch hellen wuffenden Lautäußerungen.

8.3.6. Offensivdrohen

Beim Offensivdrohen wird der Kopf leicht nach vorne gestreckt – zuweilen auch waagerecht gehalten; dies bei rundwinkliger Maulöffnung und fixierendem Blick. Die rundwinkelige Maulöffnung ist ein klares Signal für ein Angriffsdrohen, wohingegen Hunde über die lang-spitzwinkelig geöffnete Maulhaltung ein Defensivdrohen anzeigen.

Unsere Hunde beeindrucken uns durch ihre präzise Beobachtungsgabe, die auch durch die Fähigkeit besticht, menschliche Mimik und Gestik differenziert zu verstehen. Denken wir immer daran, Hunde verstehen und kommunizieren in erster Linie über ihr Ausdrucksverhalten. Das ist ihre erste Sprache! Erst in zweiter Linie kommunizieren sie über die Vokalisation! Bei uns Menschen ist es gerade umgekehrt: Der Einsatz der Stimme dominiert.

Damit eine erfolgreiche »artübergreifende Kommunikation« mit unseren Hunden gelingen kann, ist für uns folgende Grundregel in der Mensch-Hund-Kommunikation zu beachten: Wir müssen dem Hörzeichen das Sichtzeichen voranstellen – und nicht umgekehrt. Und ganz gewiss nicht über laute oder sogar schrille Stimmäußerungen versuchen, auf unsere Hunde einzuwirken, wie es leider häufig zu beobachten ist! Und aus Sicht der Hunde zeigen wir mit derartigem Verhalten an, weder Sprachkenntnisse in »Hundisch« zu besitzen, geschweige denn pädagogische Fähigkeiten. Und vor allem sind wir für Hunde dann eines nicht: Souveräne Rudelführer!

Vorderkörper-Tiefstellung als Aufforderung zum Spielen.

Welche Möglichkeiten der Kommunikation hat der Boxer, wenn es um Nasenrückenausdrucksverhalten oder Maulstellungen geht?

8.4 Zur Bedeutung der »mimischen Kommunikation«

Hunde sind in der glücklichen Lage, dass sie sich weltweit verständigen können! Denn die Weltsprache der Hunde ist ihr Ausdrucksverhalten und ihre Vokalisation. So kann ein Hund aus Neuseeland problemlos bei Einreise in die Schweiz einen Hund aus Zürich oder Zermatt verstehen, oder auch umgekehrt verstehen unsere europäischen Hunde andere, seien sie nun in Alaska, Afrika oder Indien zu Hause! Weil dieses Kommunikationsrepertoire der Hunde so großartig und gleichzeitig komplex ist, sollten wir uns mit weiteren Formen der mimischen Kommunikation von Hunden wie Maulhaltungen, Mundwinkelstellungen, Zähneblecken, ein »Spiel- oder Demutsgesicht aufsetzen« sowie dem Nasenausdrucksverhalten unbedingt beschäftigen.

Hinzu kommt, und dies macht die Angelegenheit noch anspruchsvoller, dass bei der mimischen Kommunikation auch die Anatomie des Kopfes, der Schnauze sowie die individuelle Kommunikationsbandbreite einer Hundepersönlichkeit eine wesentliche Rolle spielen: Dies auch unter dem Aspekt: Welche Möglichkeiten der Kommunikation haben denn z. B. Boxer, Pekinesen oder Möpse, wenn es um Nasenrückenausdrucksverhalten oder Maulstellungen geht? Dabei wird klar, dass gerade in diesen Bereichen das Ausdrucksverhalten durch Zuchtselektionen deutlich eingeschränkt wurde. Da die vorgenannten Rassen aber keinesfalls ein signifikant höheres Konfliktpotential durch Kommunikationsmissverständnisse aufweisen, erreichen sie dies über eine Bündelung von Kommunikationsalternativen.

8.4.1 Unterschiede bei den verschiedenen Hunderassen

Unabhängig von Zuchtstandards, wie einer flachgezüchteten Nase, gibt es deutliche Unterschiede im mimischen Kommunikationsrepertoire der verschiedenen Rassen: Während der Alaskan Malamute immerhin über 43 mimische Zeichen im Kopfbereich verfügt und damit noch fast 75 % des mimischen Ausdrucksverhalten von Wölfen aufweist, haben Schäferhunde oder Pudel dort nur noch 12 Ausdruckszeichen. Diese Ausdruckszeichen können Hunde aber durch unterschiedliche Abfolge der Ausdruckssignale zu Signaleinheiten mit hoher Informationsvielfalt kombinieren. Die Komplexität von Ausdrucksverhalten – beispielsweise kontextabhängig oder in der Abfolge der Signaleinheiten – gestattet es uns auch deshalb nicht, einzelne Signale aus dem Kontext zu ziehen und deuten zu wollen.

8.4.2 Maulhaltungen

Ein sogenanntes »Mundoffengesicht« zeigen Hunde in entspannter, freudiger Spiellaune. Der locker geöffnete Mund ist Ausdruck von entspannter Kommunikation und wird insbesondere gegenüber Menschen gezeigt. Ein hochfrequentes Hochziehen der Oberlippe bei leicht geöffnetem Mund zeigen Hunde als Ausdrucksform des Lächelns, als Zeichen der Freude. Vor allem zur Begrüßung des Menschen. Dem gegenüber steht das sogenannte Furchtgrinsen (Submissive Grin) mit Anspannung der Mundmuskeln und zurückgezogenen Mundwinkeln sowie Blickvermeidung und glattgezogener Stirn. Die Augen bilden dann einen verengten Schlitz, die Ohren sind seitlich angelegt. Maulöffnungsvarianten können im Kontext des Defensivdrohens außerdem mit und ohne Zähne-Blecken gezeigt werden. Einen weiteren Kontext stellt der Komfortausdruck des Gähnens bei weit geöffnetem Fang dar.

Mundwinkelhaltungen

Im Zusammenhang mit agonistischen Auseinandersetzungen – also Droh-, Flucht- und Kampfverhalten – spielt die Mundwinkelhaltung eines Hundes eine herausragende Rolle. Die Mundwinkelstellung kann entweder ein Angriffs- oder ein Abwehrdrohen anzeigen. Beides kann durch Imponieren überlagert werden.

Runde, kurze Mundwinkelhaltung

Sind die Mundwinkel kurz und rund, spricht dies klar für Angriffsdrohen. Dabei kann die Angriffsvorbereitung sich gleichzeitig durch fixierenden Blick und die »Nackenhaare-Sträuben« offenbaren. Die Gangart des Hundes wirkt über die gestreckten Gliedmaßen eher hölzern. Dabei wird die Rute rasseabhängig unterschiedlich hoch über die Rückenlinie geführt. Gefährlichkeit zeigt sich, wenn der Kopf dazu leicht gesenkt wird und

Dieser Hund zeigt das sogenannte Mundoffengesicht. Es signalisiert entspannte Spiellaune.

ein Zähne-Blecken erkennbar ist. Die Angriffsvorbereitungen werden dann oft auch durch Knurren und Bell-Laute unterbrochen sowie gleichzeitig durch Schnappen und ein intentionales Beißen begleitet, wozu auch ein In-die-Luft-Beißen gehört. Im Gegensatz zu Hunden regeln Wölfe Konflikte eher durch Drohgebaren mit sparsamen Gesten.

Lange, spitzwinkelige Mundwinkelstellung

Ein Defensivdrohen kündigt sich hingegen über lange, spitzwinkelige Mundwinkel an. Dabei werden die Lippen sehr weit nach oben oder auch nach unten bewegt, sodass beim Zähne-Blecken – auch Vollzähne-Blecken – in fein abgestimmten Nuancen auch die Backenzähne und das Zahnfleisch sichtbar werden kann. Es handelt sich häufig auch um ein Abwehrdrohen, das auf sozialer Unsicherheit beruht. Die Verteidigungsbereitschaft kann von Lautäußerungen, wie Knurren, Bellen, Schreien begleitet werden. Dies vor einem Biss, zuweilen abwechselnd in Intervallen mit den Lautäußerungen, die im Wechsel von »In-die-Luft-Beißen«, Beißen beziehungsweise Schnappen unterbrochen werden.

Die Ohren sind währenddessen eng, zuweilen sogar bis zur Zusammenfaltung – an den Hinterkopf angelegt. Die soziale Unsicherheit wird außerdem durch eine straff gespannte Kopf- und Gesichtshaut erkennbar. Der Lippenspalt verlängert sich durch ein »Nach-hinten-Ziehen« der Mundwinkel, wodurch die Augen optisch weiter auseinander zu liegen scheinen. Die Schwanzhaltung kann beim defensiven Drohen auch nach unten zeigen.

Sonderformen der Mundwinkelhaltungen

Eine Sonderform bei den Mundwinkelbewegungen stellt der einseitige, also unilaterale, defensive Drohausdruck dar. Dieser erfolgt ohne Maulöffnung. Solche Haltungen können auch bei Puschas, einer Kreuzung von Pudel und Goldschakalen, beobachtet werden. *(Dorit Feddersen-Petersen)*

Zähne-Blecken und Zähne-Entblößen

Das Zähne-Blecken zeigt die Angriffs- oder Verteidigungsbereitschaft eines Hundes an und stellt im »Frühwarnsystem« von Hunden die erste Eskalationsstufe dar. Auch wenn ein Hund Drohverhalten zeigt, geschieht dies über Anheben der vorderen Lefzen, wodurch Fang- und Schneidezähne sichtbar werden; Gleichzeitig wird direkter Blickkontakt zum Gegenüber gezeigt. Auch eine »nach vorn gezogene« Stirn und ein Nasenrückenrunzeln sind zu beobachten.

8.4.3 Demutsgesicht – passive Unterwerfung

Über Demutsposen wird die Akzeptanz ranghöherer Gruppenmitglieder in der innerartlichen Auseinandersetzung demonstriert, was bei diesen eine Aggressionshemmung zur Folge hat. Das sogenannte »Demutsgesicht« ist im Zusammenhang mit der passiven Unterwerfung, die der sozialen Integration dient (Rudolf Schenkel), und ein sich »Auf-den-Rücken-Rollen«, dort verharren und sich darauf schüttelnd wieder erheben, zu sehen. Es ist Reaktion auf Drohfixieren von ranghöheren Tieren. Beim Demutsgesicht wird gegenüber dem Dominanz zeigenden Tier der Blickkontakt vermieden, der Kopf wird weggedreht, die Stirn glattgezogen, wodurch der Eindruck eines welpenhaften Hundegesichtes entsteht. Dies bei gleichzeitig waagerecht zurückgezogenen Lippen, die sich zu einem »Submissive Grin« (Unterwerfungsgrinsen) formen. Ohren und Ohrwurzel werden bei abgedrehtem äußeren Gehörgang nach »hinten unten« gelegt. Demutsgesichter können auch im Sitzen oder Stehen gezeigt werden, ebenfalls mit abgewandtem Blick und Kopf sowie das »Unterwerfungsgrinsen«. Weiterhin wird gelegentlich die eigene Schnauze beleckt – in der Fachsprache als »Licking-Intention« bezeichnet *(M. W. Fox)*.

Defensive Aggression.

8.4.4 Demut als »aktive Unterwerfung«

Dieses Ausdrucksverhalten dient nach den Ethologen Rudolf Schenkel und Dorit Feddersen-Petersen zur sozialen Integration und Verminderung der sozialen Distanz und wird auch als »soziales Grüßen« eingeordnet. Der Rangniedrigere grüßt den Ranghöheren, der die Dauer der Interaktion bestimmt und diese auch beendet. *(Gudrun Feltmann von Schroeder)*
Die »aktive Unterwerfung« ist auch als Form der Kontaktsuche anzusehen, zuweilen mit übertrieben spielerisch anmutenden Gesten. Bei der »aktiven Unterwerfung« ist häufig auch ein leicht gesenkter Kopf bis hin zu einer abgetauchten Kopfhaltung zu sehen; dies zusammen mit dem typischen »Unterwerfungsgrinsen«.

8.4.5 »Spielgesichter« von Hunden

Hunde pflegen klar zu kommunizieren, um Missverständnisse zu vermeiden. Dies gilt auch insbesondere für Spielsituationen. So erklären Hunde auch ihre Intention über ein »Spielgesicht aufsetzen«; dies, damit spielerische Angriffe nicht missverstanden werden, und zeigen dabei eine leicht geöffnete Maulstellung, die auch bis zu einer übertrieben offenen Maulstellung reichen kann. Auch die Vokalisation, z. B. mit Bellen oder Knurren – sowie das Beiß-Schütteln eines aufgenommenen Gegenstandes können sichtbar übertrieben werden. Ein Drohen mit Nasenrückenrunzeln wird zuweilen imitiert, aber ein Zähne-Zeigen fehlt. Signifikant für Spielaufforderungen sind eine Vorderkörper-Tiefschrägstellung sowie Bewegungen mit kurzem schnellem Anlegen der Ohren sowie das Spielbeißen. Es ergehen Spielaufforderung mit »in die Luft beißen«, zuweilen aus der defensiven Rückenlage heraus. Ein Blickfixieren fehlt. (Denise Seidl). Hunde zeigen uns Menschen gegenüber ihr Spielgesicht auch über ein die »Oberlippe-Hochziehen«, welches sie als soziales Lächeln nur uns Menschen gegenüber zeigen!

8.4.6 Nasenausdrucksverhalten

Das Nasenrückenausdrucksverhalten lässt sich sehr gut im Zusammenhang mit Offensiv- bzw. Defensivdrohen erkennen und verstehen. Während bei neutraler Stimmungslage eines Hundes der Nasenrücken glatt und entspannt ist, verändert er sich deutlich bei offensiv-aggressiver Gestimmtheit. Umso weiter das rundbogenförmige Maulöffnen bei einem Hund fortschreitet, desto stärker wird auch eine Runzelung oder Kräuselung auf dem Nasenrücken des Hundes erkennbar. Beim Defensivdrohen hingegen, das sich insbesondere an der spitzwinkligen Mundwinkelstellung zeigt, und bei der die Ohren weit nach hinten angelegt sind, wird die Nase seitlich angespannt, zuweilen mit leichter Längsfaltenbildung.

Ein spezielles Nasenausdrucksverhalten zeigen auch läufige Hündinnen im Zusammenhang mit dem Fortpflanzungsverhalten. Denn ist eine läufige Hündin noch nicht paarungsbereit, zeigt sie dies dem interessierten Rüden ebenfalls über Nasenrückenrunzeln, begleitet von Schnappen, einem in die Luft-Beißen oder Knurren (Matthias Wissel). Ein Beschädigungskampf wäre auch dann kaum zu erwarten, selbst wenn der Rüde nicht beschwichtigend reagierte, sondern weiter um die Hündin »werben« würde. Die Geheimnisse von hundlicher Kommunikation und Verhaltensbiologie bleiben aufregend und faszinierend.

Für uns Menschen ist es notwendig, die Weltsprache »Hundisch« zu lernen! Dies hat viele Vorteile: Zum einen ist sie »Eintrittskarte« in die Welt der Hunde, zum anderen qualifizieren wir uns erst dadurch zum Sozial- und Dialogpartner für unsere Hunde! Nur so kann eine wirklich glückliche Hund-Mensch-Beziehung gelingen!

Mimische Kommunikation verstehen lernen

Was meinen Sie? Wie oft versuchen unsere Hunde tagtäglich mit uns zu kommunizieren, ohne dass wir dies überhaupt registrieren? Häufig stelle ich mir diese Frage und sie macht mich betroffen. Denn wenn dies häufiger der Fall sein sollte, würden wir oft genug gar nicht auf ihre »Gesprächsversuche« reagieren. Und: Wie ginge es uns selbst, wenn z. B. uns nahestehende Menschen unsere Gesprächsversuche regelmäßig ignorierten bzw. darauf mit »toter Zurückhaltung« reagierten?

Es gibt nur eine Lösung: Besser beobachten und besser verstehen. Somit gibt es nur einen Weg, nämlich uns mit weiteren Kommunikationssignalen, wie Schnauzen-Kommunikation, Schnauzen-Zärtlichkeiten, Spielbeißen, Futterbetteln, Züngeln und »Licking Intention« zu beschäftigen.

8.5 Schnauzenkommunikation

8.5.1 Mundwinkelstupsen und Mundwinkellecken

Sowohl bei Wölfen wie auch bei Hunden ist zu beobachten, dass sie als Einleitung eines Sozialspiels auch ein Mundwinkelstupsen zeigen. Und es kann durchaus von einem jüngeren Wolf gegenüber einem adulten Wolf, auch gegenüber dem Alpha-Wolf – also dem Wolfsvater – initiiert werden. Aber auch juvenile Wölfe begrüßen durch Mundwinkellecken ihre jüngeren Geschwister freundlich, indem sie ein Mundwinkellecken von unten – quasi submissiv – ausführen, was entspannt gezeigt wird und ohne Forderung bleibt. Ebenso ist bei etwa gleichaltrigen befreundeten (Schäfer-)Hunden ein Mundwinkel- bzw. Kehlelecken oder ein »Die-Kehle-Beknappern« zu beobachten. Offensichtlich wird auch die Gestimmtheit ranghöherer Tiere über Mundwinkelstupsen und Mundwinkellecken exploriert und ausgetestet. Dabei kommt es durchaus vor, dass ein ranghöheres Tier zunächst zähnebleckend protestiert, dann aber die soziale Begrüßung doch duldet.

Besonders beeindruckend ist, wenn auf ein Mundwinkellecken seitens der Welpen, reaktiv der Schnauzenbereich des Welpen anschließend äußerst behutsam umfasst wird. Damit sind die sogenannten Schnauzenzärtlichkeiten auch als Bindungsverhalten von Wolfswelpen und erwachsenen Wölfen zu verstehen.

8.5.2 Schnauzenzärtlichkeiten

Schnauzenzärtlichkeiten sind eine wichtige Form der Beziehungspflege unter Wölfen und Hunden! Denn Schnauzenzärtlichkeiten, wie z. B. das Beknabbern oder ein leichtes Maulumfassen mit dem Belecken der Mundhöhle des anderen Tieres, findet insbesondere unter befreundeten Tieren statt. Ebenso unter jenen, die eine enge Beziehung zueinander haben. Wir können hochritualisierte »Schnauzenzeremonien« beobachten. Schnauzenzärtlichkeiten, nach Rudolf Schenkel, wurden erstmals 1947 als solche von ihm in der Fachliteratur beschrieben. Der Sinn von Schnauzenzärtlichkeiten ist zum einen die bestehenden Bindungen zu verfestigen und aber auch vor allem fein nuancierte Abstimmungen im Kommunikationsrepertoire zu erlernen.
Damit lernt ein Welpe, was er darf und was nicht. Marc Bekoff (2001) geht sogar noch einen Schritt weiter: Er spricht sogar von einem »moral-analogem Verhalten« in dem Sinne, dass ein faires Verhalten speziell im Spiel, insbesondere in der Form des Sozialspiels, erlernt wird. Interessanterweise wird unter den Spielpartnern die Möglichkeit einer Verletzungsgefahr durch Regel-Verstoß mitberücksichtigt! Dies insofern, als in den Spielsequenzen auch Dominanzintentionen zu beobachten sind. Es sind Grenzsetzungen, die aber den Spielfluss bei den Schnauzenzärtlichkeiten nicht unterbrechen.

Schnauzenzärtlichkeiten auch über Mundwinkelstupsen.

Wie könnten Welpen besser in der Junghundeentwicklung (Ontogenese) lernen, als über spielerische Zärtlichkeiten im Nahbereich? Denn es wird getestet, geprüft, es werden Grenzen gesetzt, die der Welpe entsprechend mit »respektgebenden Gesten« zu beantworten hat. Dies bei Einübung von simultaner gegenseitiger Versicherung der »gemeinsamen Zusammengehörigkeit«, also auch gleichzeitig als Integrationsübung! Wenn über das Schnauzen-Belecken und das Umfassen des Welpen-Fanges, ja zuweilen sogar des Welpen-Kopfes, Zärtlichkeiten mit äußerster Vorsicht ausgetauscht werden, kann darin auch eine Sanktion einfließen, z. B. über ein klein wenig festeres, aber sehr vorsichtiges »Über-den-Fang-Fassen«. Anschließend folgt dann noch eine Liebkosung! Die Welpen lernen damit höchst präzise, welche Distanzunterschreitungen unbedingt zu vermeiden sind! Sie lernen damit auch für ihr eigenes Leben »das Überleben«!

Damit wird ganz eindrücklich nachvollziehbar, wie wichtig es ist, dass dieses »Kopf-an-Kopf-Lernprogramm« zwischen adulten Hunden und Welpen – natürlich auch wie unter Wölfen – uneingeschränkt möglich wird!

Als Menschen sind wir in der Pflicht und Verantwortung, unbedingt darauf zu achten, dass Hundewelpen dieses Lernprogramm ausreichend einstudieren können! Das als Maßgabe – insbesondere auch beim Kauf eines Welpen! Wie oft aber werden Welpen aus diesem so wichtigen Lernprogramm allzu früh herausgerissen, weil einige Menschen möglichst schnell an ihnen verdienen wollen!? Ganz zu schweigen von den so genannten »Wühltischwelpen«, die meist krank aus ausländischen »Hundefabriken« nicht nur in Europa auf den Markt als »Massenware« geworfen werden. Hier gibt es nur eine Botschaft: »Hände weg und den gewissenlosen Handel zur Anzeige bringen!«

Inniger Sozialkontakt im Rudel.

8.5.3 Schnauzenkontakte zur sozialen Fellpflege (Grooming)

Die Vorliebe über Schnauzenkontakte die sozialen Beziehungen zu pflegen, hält ein ganzes Leben an! Dies zeigt sich daran, dass sowohl erwachsene Wölfe wie auch Hunde dies über ein »Schnauze-Anlegen«, auch mit Umarmen respektive einem Zusammenliegen bei engstem Körperkontakt pflegen. Das Grooming kann auch im Kehlbereich durch Belecken und Beknabbern stattfinden!

Während in Hundegruppen häufig ranghöhere Hunde hierzu die Initiative ergreifen, können bei Wölfen die Aktionen auch von Rangniedrigeren und Jüngeren ausgehen, da hier die Beziehungsmuster deutlich komplexer sind als bei Hunden.

8.5.4 Schnauzen-Stupsen als Handlungsaufforderung

Wenn Hunde in schneller Abfolge spielerisch mit der Schnauzenspitze Stupsbewegungen ausführen, hat dies zumeist starken Aufforderungscharakter. Nicht nur Hunden, sondern auch uns Menschen gegenüber wird dieses Verhalten gezeigt. Wenn uns unsere Hunde mit der Schnauze anstupsen, kann das selbstverständlich auch eine Aufforderung zum Spiel oder zum Spaziergang bedeuten: Sie wollen uns zu etwas motivieren! Schnauzenstoßen beziehungsweise ein Stupsen wird unter Hunden zielgerichtet zum Gesicht oder zum Mund des anderen Kommunikationspartners eingesetzt, ebenso auch zum Futterbetteln.

8.5.5 Spielbeißen

Hunde zeigen ebenfalls Spielaufforderungen, indem sie meist nur schwach oder gar ins Leere beißen, dies sowohl Menschen wie auch Artgenossen gegenüber. Welpen neigen aber in Spielsituationen manchmal dazu, etwas fester zuzubeißen, da sie noch dabei sind, Erfahrungen zu sammeln. Mit dem Spielbeißen werden Bell- und Knurrvariationen gern ein wenig überbetont, allerdings in melodischer Form.

8.5.6 Züngeln

Unter dem Begriff des Züngelns ist das Überlecken der eigenen Schnauze mit der Zunge zu verstehen. Ein sich »Über-die-Schnauze-Lecken« kann in unterschiedlichster Ausprägung beobachtet werden: Es wird in recht kurzer Ausprägung wie auch in gut sichtbarer Form gezeigt. Situationen, wo das Züngeln im Kommunikationsprozess von Hunden eingesetzt wird, deuten üblicherweise auf eine für den Hund konfliktbelastete Situation hin, z. B. bei Distanzunterschreitungen eines anderen Hundes oder auch Menschen, zu viel Enge oder andere Belästigungen aus Sicht des Hundes. Dies kann auch der Fall sein, wenn Menschen mit der Kamera zu nahe und vorgebeugt von Hunden Fotos – vielleicht noch als Serie – machen wollen. Wird das Signal des Züngelns eines Hundes missachtet, steigt dessen Anspannung, worauf er dann im Einzelfall mit einer schnelleren Abfolge von Züngel-Signalen reagiert, aber auch mit anderen Signalen, wie mit einem Gähnen oder dem Abwenden des Kopfes.

8.5.7 Licking Intention

Unter dem Phänomen »Licking Intention« wird die mimische Geste – in der Bedeutung als »Unterwerfungsgeste« über das Belecken der eigenen Schnauze beschrieben; erstmals 1967 durch den Basler Ethologen Rudolf Schenkel dokumentiert. Dabei ist festzuhalten, dass nicht jede »Leck-Intention« oder jedes Lecken der eigenen Schnauze als eine Beschwichtigungs- oder Unterwerfungsgestik gedeutet werden darf.

8.5.8 Futterbetteln

Im Ernährungsverhalten hat das Futterbetteln aus der stammesgeschichtlichen Entwicklung der Wölfe heraus eine besondere Bedeutung: Denn wenn Wölfe von der Jagd mit ihrer zuvor verschlungenen Beute zu den hungrigen Wolfskindern zurückkehren, würgen die Alpha-Wölfe oder auch andere Rudel-Mitglieder – nach meist seitlichem Mundwinkelstupsen – das Futter wieder hervor. In Wolfsrudeln werden sogar auch andere Rudel-Mitglieder – nicht nur Jungwölfe- bei Bedarf mit Futter versorgt! Bei unseren Haushunden ist das Vorwürgen seitens der Hündinnen eher selten zu beobachten. Manchmal fehlt sogar der signifikante Auslösereiz, wenn sie es dennoch vor ihren Welpen tun. Über den sogenannten »Milchtritt« regen Welpen oder Jungtiere durch Streck- oder Tretbewegungen während des Saugens den Milchfluss bei ihrer Mutter an. Dies geschieht meist mit den Vorderläufen. Wahrscheinlich ist in diesen Zusammenhang auch die Entwicklung des späteren

Über den so genannten »Milchtritt« regen Welpen durch Tretbewegungen während des Saugens den Milchfluss bei ihrer Mutter an.

Pfötelns bei Hunden einzuordnen. Zusammenfassend ist zu sagen, dass Welpen den ersten Nahrungserwerb über Suchpendeln, über den Milchtritt sowie das Futterbetteln durchführen, was ein angeborenes Verhalten darstellt.

Das Futterbetteln kann später auch bei Junghunden und sogar bei älteren Tieren weiterhin beobachtet werden: Es erfolgt über Schnauzen-Stoßen, Pföteln und Lecken, jeweils hinweisend zum Gesicht bzw. den Mundwinkeln des anderen Tieres.

Im späteren Leben eines Hundes werden diese Gesten und Signale auch als ritualisiertes Verhalten zur Besänftigung, zur Deeskalation oder zur Begrüßung eingesetzt.

SCHULE UNSERES LEBENS

Wenn wir uns nochmals vor Augen führen, wie liebevoll und differenziert Hundekinder das Kommunikationsrepertoire für ihr Leben lernen, dann ist vielleicht die Frage angebracht: »Wer von uns wäre nicht gerne so differenziert, so spielerisch leicht geprägt worden?« Was wäre, wenn so unsere Schule für das Leben verlaufen wäre?

Und da wir, Menschen und Hunde, doch recht unterschiedliche Lernerfahrungen haben und auch unterschiedlich geprägt wurden, folgt daraus zwangsläufig eine Frage, die mich immer wieder beschäftigt: »Was versteht mein Hund von meiner Kommunikation und wie hoch ist der Anteil, den ich aus seinem gezeigten Verhalten richtig verstehe und deute?«

Dies bezieht sich dann auch nicht mehr allein auf die einzelnen Kommunikationssignale und deren Bedeutungsspektrum, sondern vor allem geht es auch um das »Wie«, nämlich wie wir mit unseren Hunden kommunizieren. Es geht ja nicht nur um eine Mensch-Hund-Beziehung, die über eine größtmögliche Schnittmenge in der »artübergreifenden Kommunikation« verfügt, sondern es geht ebenso darum, wie wir unseren Hunden mit Empathie, Respekt und Liebe begegnen!

Und deshalb interessiert mich jeden Tag eines ganz besonders: »Was für ein Zeugnis würde mein Hund mir heute ausstellen?«

8.6 Körperhaltungen und Bewegungen

Wie bereits angesprochen, ist Kommunikation eine höchst komplexe Angelegenheit, die nicht nur die gesamte Sinnesphysiologie simultan miteinander verknüpft, sondern auch das gesamte Ausdrucksverhalten und die Vokalisation umfasst.

Zu der mimischen Kommunikation von Hunden, die allein schon höchst anspruchsvoll zu deuten ist, stellen auch die Körperhaltungen von Hunden eine Herausforderung im Verstehen dar:

Dazu gehört, dass körpersprachliche Signale und Bewegungsmuster untrennbar miteinander verbunden sind und in ihrer Gesamtschau viele Botschaften überbringen: Neben den kommunikativen Botschaften »als Sprache«, also der Körpersprache, werden innere Haltung, Gemütszustand, Gesundheitszustand sowie Persönlichkeit bei Hunden oder auch Menschen transportiert.

Die Lehre der Kinästhetik stellt demzufolge die Wahrnehmung von körpersprachlichen Bewegungsmustern dar. Selbstverständlich sind gezeigte Bewegungsabläufe und Ausdruckssignale von Hunden und Menschen nicht etwa starr, sondern unterliegen der jeweiligen Befindlichkeit, sind abhängig von Kontext und dem jeweiligen Kommunikationspartner. Wenn wir Bewegungen und Bewegungsmuster bei Hunden exakt deuten wollen, stellt der oft extrem schnelle Wechsel von Kommunikationssignalen, der sich stets an neue situative Kontexte des Hundes anpasst, eine große Herausforderung für uns dar.

Und gleichzeitig ist der Frage nachzugehen: »Was habe ich gerade selbst zuvor meinem Hund über meine Körpersprache für eine Botschaft vermittelt? Was wollte ich vermitteln – oder war meine Reaktion emotional-spontan, eher unbedacht?« »Konnte mein Hund dies überhaupt verstehen?« Oder: »Wurde ein eigenes inneres Konfliktverhalten angezeigt, welches dem Hund Rätsel aufgab?«

Für einen Team-Erfolg im gegenseitigen Verstehen, sei es unter Menschen oder in der Mensch-Hund-Beziehung, sind unklare Signale selbstverständlich nicht zielführend und führen fast immer zu Problemen! Unklare Signale haben zum einen mangelnde Selbstklärung und/oder fehlende Zielklarheit als Ursache; dies gilt insbesondere seitens von uns Menschen. Auch Fehldeutungen von hundlichen Signalen sind Hinweis auf fehlende »Sprachkenntnisse«! Dies bedeutet, dass Signale des Hundes – also sein Vokabular, das er über Vokalisation und Ausdrucksverhalten zeigt, nicht verstanden werden. Somit können Hunde uns nur immer wieder vergeblich Mitteilungen machen und uns ihre Welt erklären, wenn wir diese Botschaften nicht für uns übersetzen können, bleibt ein »Nicht-Verstehen!« Hunde sprechen eindeutig, zuweilen aber auch über sogenannte Mischausdruckszeichen, die dann kontextgebunden und differenziert ebenfalls von uns verstanden werden müssen.

Deutliche Spielaufforderung durch Vorderkörper-Tief-Schrägstellung.

Somit – um bessere Kommunikationsvoraussetzungen für uns zu schaffen –, geht es im Kapitel über Körperhaltungen und Bewegungen von Hunden, um deren vielseitiges Repertoire, wie der »Vorderkörpertiefschräg-Stellung«, um das Scharren, Sich-Kratzen, Dehnen und Strecken, das »Sich-Abrollen«, Auf-den-Rücken-Legen oder Sich-Wälzen.

Zahlreiche dieser Verhaltensweisen und Ausdruckselemente sind dem Spielverhalten, dem Komfortverhalten oder auch dem Unterwerfungsverhalten zuzuordnen. Außerdem werden auch die Beziehungen zu Menschen oder anderen Hunden durch Bewegungen mit ihren Ausdruckselementen geregelt und beschrieben.

8.6.1 Spielverhalten und Vorderkörper-Tiefstellung

Bei einer Reihe von Formen des Ausdrucksverhaltens werden in bestimmten Kontexten Spielelemente gezeigt. Die Frage, welcher Sinn hinter einem Spielverhalten steckt, wird wissenschaftlich mit verschiedenen Thesen belegt. Dorit Feddersen-Petersen geht davon aus, dass uns das Verstehen von »hundlichen« Spielen tiefergehende Einsichten in das Gesamtverhalten oder auch in die Verhaltensökologie von Hunden erlaubt. Weiterhin geht sie davon aus, dass Verhaltensformen und deren Verbreitung Auskunft über stammesgeschichtliche Entwicklungen einschließlich ihrer Funktionen geben können. Wir können daher durchaus den Begriff von »Funktionsspielen« einsetzen, da über Bewegungsvariationen mit ihren teilweise ritualisierten Wiederholungen sowohl »Objektmanipulationen« als auch Spielanimationen oder auch »bewegungsorientierte Sozialspiele« ablaufen. Als Beispiele seien hierfür angeführt: Spielaufforderungen, »Hakenschlagen« oder »Zick-zack-Bewegungen«. Dies mit der Möglichkeit das Tempo und die Ausprägung jeweils steigern zu können. Innerhalb eines Spielverhaltens zeigen Hunde uns über Signale und Spielbewegungen deutlich erkennbar an, dass es sich um ein Spiel, nicht aber um eine ernsthafte Auseinandersetzung handelt. Es ist wichtig zu verstehen, dass Spielbewegungen und Signale zusammen gedeutet werden müssen. Wir erkennen, wenn Hunde ein »Spielgesicht aufsetzen« oder ein »weites Maulöffnen zeigen«. Dies häufig zusammen mit dem Signal des »Kopfschleuderns«. Der Kopf wird hierbei einmal oder mehrmals deutlich sichtbar (dynamisch) nach hinten bewegt. Ebenso, wenn Hunde eine »Vorderkörper-Tiefschrägstellung« zeigen, ist das Hinweis dafür, dass sie spielbereit sind und den Kommunikationspartner zum Spiel einladen. Diese Körperposition nehmen Hunde ein, um dann oft ruckartig eine Vorwärtsbewegung daran anzuschließen. Dies ist sozusagen als Verstärkung der Spielaufforderung zu deuten. Direkt darauf verstärken Hunde ihren Spielwunsch dadurch weiter, indem sie ein Spielzeug, wie z. B. einen Ball oder Stock, holen und diese Utensilien direkt vor »ihrem« Menschen ablegen. Eindeutiger kann wohl niemand seinen Spielwunsch – meist noch mit entsprechenden Lautäußerungen – zum Ausdruck bringen. Leider gibt es aber immer wieder Fälle, in denen manche »Zweibeiner« überhaupt nicht darauf reagieren oder nur mit einem barschen »Lass das!« den Hund abweisen ...

Weitere deutliche Merkmale für das Spielen von Hunden und Wölfen ist die sichtbare Übertreibung weniger »wichtiger« Ausdruckssignale, bei gleichzeitig entspanntem, meist freudigem Spielgesicht.
(Dorit Feddersen-Petersen)

8.6.2 Signale der »passiven Demut«

Wenn ein Hund keinerlei Ansprüche auf einen »höheren Rang«, den ein anderer Hund einnimmt, stellt, wird er auf Drohfixieren des Ranghöheren nicht mit Aggressivität reagieren, sondern er akzeptiert seine Rangstellung und zeigt dies über ein »Sich-auf-den-Rücken-Abrollen« und ein »Dort-Verharren« an.

Dieser Hund fühlt sich sichtlich wohl und liegt entspannt auf dem Rücken.

Nach Rudolf Schenkel ist dies als Signal der passiven Demut zu deuten. Wenn der Ranghöhere Hund hingegen den anderen passiert oder dessen Weg verstellt, ist dies als Geste der Dominanz zu werten. Gleichzeitig vermeidet der Rangniedrigere gegenüber dem Ranghöheren in diesem Kontext den direkten Blickkontakt. Er dreht den Kopf zur Seite, die Stirn ist glattgezogen, die Ohren sind nach hinten angelegt. Gleichzeitig wird meist über waagerecht zurückgezogene Lippen ein »Submissive Grin« – also ein »Unterwerfungs- bzw. Furchtgrinsen« – aufgesetzt und gleichzeitig die eigene Schnauze beleckt. Damit ist üblicherweise bei einer normalen Sozialisierung der Hunde die Auseinandersetzung abgeschlossen.

Wie in den vorherigen Beiträgen über Kommunikationssignale ausgeführt, ist hundliches Verhalten stets beziehungsabhängig. Ein Hund, der sich soeben einem Hund unterworfen hat, kann im nächsten Augenblick selbst Gesten der Dominanz gegenüber anderen Hunden zeigen.

8.6.3 Komfort- und Wohlfühlverhalten

Hunde legen sich auch auf den Rücken, wenn kein Kommunikationspartner, z. B. kein Mensch, anwesend ist. Dies zeigt an, dass Hunde sich dann wohlfühlen. Dabei wälzen sie sich auf dem Rücken liegend, z. B. auf einer duftenden Blumenwiese oder im Schnee, meist mit Drehbewegungen hin und her. Oft setzen sie dazu noch ein Spielgesicht auf oder zeigen uns Menschen gegenüber ihr soziales Lächeln; häufig untermalt mit einer Vokalisation des Wohlbehagens. Hunde legen sich auch vor uns auf dem Rücken, um an Brust und Bauch gestreichelt zu werden. Dies als Zeichen ihres Vertrauens und einer Vertrautheit zwischen Mensch und Hund.

8.6.4 Dehnen, strecken

Ein »Sich-Dehnen und Sich-Strecken« ist bei Hunden meist ebenfalls dem Funktionskreis des Komfortverhaltens zuzuordnen. Nach dem Aufstehen, nach langem Liegen oder Schlafen, dem Ausruhverhalten, führen Hunde häufig ein »Stretching« durch – ebenso wie wir Menschen es tun. Der Hund ist jetzt ausgeruht und Bewegung ist angesagt. Beim Strecken und Dehnen können Gliedmaßen wie Vorder- oder Hinterläufe, der Oberkörper ebenso der Hals gestreckt werden.

8.6.5 Sich kratzen

Wie erwähnt, gehört das »Sich-Kratzen« bei Hunden ebenfalls zum Komfortverhalten. Irgendetwas ist dem Hund lästig, es juckt, belästigt ihn, sodass er die Störung beseitigen will. Hintergrund können auch Allergien sein. Zum einen Kontaktallergien, die dadurch hervorgerufen werden, dass der Hund mit einem für ihn relevanten Allergen in Kontakt gekommen ist, zum anderen können Allergien auch durch Futteraufnahme entstehen. Das Jucken kann dann zum permanenten Kratzen führen, ebenso zu Wunden mit eitrigen Komplikationen, so dass in dem Fall unbedingt ein Tierarzt konsultiert werden sollte.

Auch das »Sich-Beknabbern« gehört zum Komfortverhalten von Hunden.

8.6.6 Scharren

Das Scharren ist eine der auffälligsten Verhaltenselemente bei Hunden und besitzt eine außerordentliche Mitteilungsfunktion. Etwa so: »Hier in diesem Revier habe ich die Regentschaft!« Deutlich ausgeprägter hinsichtlich Häufigkeit und Ausprägung ist das Scharren bei Rüden in Anwesenheit von weiblichen Tieren. Bei Hündinnen tritt das Scharren insbesondere bei ranghöheren Tieren und während der Läufigkeit auf. Hunde scharren mit den Vorder- oder Hinterläufen, wobei das Aufwühlen des Bodens eine optische Markierung im Revier eines selbstbewussten Hundes demonstriert. Besonders häufig ist zum einen sogar noch ein Imponieren über eine aufrechte Haltung – und mit Einsatz des Blickkontaktes zur Verstärkung – zu beobachten, nämlich dann, wenn andere Hunde das Scharren sehen können. Zum anderen aber wird durch den Absatz von Kot oder Harn die Geruchsmarkierung verstärkt, denn das Scharren wird sehr häufig nach Kot- oder Harnabsatz gezeigt. Dazu erfolgt eine Verteilung des Fußgeruches durch den aufgewühlten Boden.

Während Katzen durch Scharren die Ausscheidungen mit Bodenmaterial bedecken, ist dies bei Hunden nicht der Fall. Festzuhalten aber bleibt, dass durch Zuchtselektionen bei zahlreichen Hunderassen diese Instinktbewegung verlorenging. Schätzungsweise scharren nur noch etwa ein Drittel der Hunde nach Harn- oder Kotabsatz bzw. bei Begegnungen mit anderen Personen und Hunden. *(Eva Heidenberger)*

Wenn Hunde über ihre Kommunikationssignale mit ihrem hochdifferenzierten Ausdrucksverhalten uns so exzellent »ihre Welt erklären« ist das die fantastische Chance, die »gemeinsame Schnittmenge im gegenseitigen Verstehen« zu vergrößern. Denn eines weiß wohl jeder Hundefreund: Meist haben uns unsere Hunde längst nahezu perfekt verstanden! Denn Hunden ist es aufgrund ihrer physiologischen Ausstattung deutlich leichter möglich, uns über unseren Geruch, unsere Mimik und Gestik zu durchschauen und zu begreifen als umgekehrt.

Kontexte für Scharrbewegungen sind also:

- zur Geruchsmarkierung durch Harn und Kot,
- ein aufgestauter Bewegungsdrang,
- nach olfaktorischer Untersuchung eines anderen Hundes,
- zur Markierung der Territoriumsgrenzen.

8.7 Körperhaltungen und Stereotypien verstehen lernen

Das Kommunikationsrepertoire von Hunden richtig zu verstehen, stellt hohe Ansprüche an den menschlichen Beobachter. Denn ihr Ausdrucksverhalten wechselt oft in Bruchteilen von Sekunden, wobei Ausdruckszeichen, Abfolge und Anordnung der Signale, Körperbewegungen und situativer Kontext in der Gesamtschau zu berücksichtigen sind. Hinzu kommen weitere Aspekte: Welche Stimmung herrscht vor? Ist die Stimmung eher aufgeheizt oder friedlich und entspannt? Wer sind die Kommunikationspartner des Hundes? Welches Individualverhalten zeigen sie bzw. welche Entwicklungsphasen (Ontogenese) haben ihren Lebensweg geprägt? Und nicht zu vergessen: Haben wir als Menschen gegenüber unseren Hunden nicht ein »Handicap« hinsichtlich der Ausstattung unserer Wahrnehmungskanäle, wie Augen, Nasen, Ohren? Und sind damit im Vergleich zur Sinnesphysiologie unserer Hunde vielleicht nur bedingt kommunikationsfähig?

Überhaupt: Was mögen Hunde in Momenten von Menschen halten, wenn diese lautstark und wild gestikulierend, vielleicht noch mit hochrotem Kopf, auf sie einwirken und für sie unverständliche oder gar widersprüchliche Botschaften verbreiten? Etwa so könnte das bei unseren Hunden ankommen:
»Diese Leute – Zweibeiner – haben weder Sprachkenntnisse noch Manieren ... und auch noch pädagogische Defizite!«

Die Gefahr, dass wir als Menschen gegenüber Hunden in unseren Reaktionen Fehler machen können, besteht insbesondere auch dann, wenn wir hundliches Verhalten nicht richtig deuten können oder wenn »Übersetzungsfehler« passieren, dergestalt, dass wir inadäquat darauf reagieren, auch weil wir ein Verhalten des Hundes unzureichend verstehen.

Dies kann z. B. bei Bewegungs- und Verhaltensstereotypen, wie »Schwanznachjagen«, »Kiesfressen«, Achterschlingen- oder Kreis-Laufen der Fall sein. Denn deren richtige Deutung ist eine komplexe Aufgabe.

8.7.1 Bewegungs- und Verhaltensstereotypen

Unter dem Begriff »Stereotypien« werden in regelmäßigen Abständen wiederkehrende hochgradig formkonstante einfache Verhaltensweisen verstanden, die scheinbar funktionslos und ohne Zusammenhang von Umgebung, Kontext und Zeit gezeigt werden können. Von Stereotypen wird gesprochen, wenn der Hund den Bewegungszwang selbst nicht spontan stoppen kann, wenn er scheinbar zwanghaft sich wiederholende, alleinige Handlungen ausführt, die in ihrer Funktion, Sequenz oder Umweltanpassung inadäquat erscheinen und zudem vom Normalverhalten deutlich im klinischen Bild abweichen und auch zur Selbstbeschädigung führen können. Außerdem können mit sogenannten stereotypischen Bewegungs-

störungen gleichzeitig »nicht-funktionale« Vokalisationsmuster, wie z. B. monotones Bellen und Winseln einhergehen. Eine Form der regungslosen Stereotypien stellt auch das »Wand-Anstarren« dar.

Wichtig ist, dass Hundehalter bei diesen gezeigten Verhaltensauffälligkeiten ihren Hund nicht einfach seinem Schicksal überlassen, sondern dass umgehend fachliche Hilfe angezeigt ist. Leider werden Hunde zuweilen sogar noch bestraft, obwohl sie Hilfe brauchen! Oder sie werden isoliert gehalten ...! Im schlimmsten Fall sogar abgegeben ...!

Daraus folgt:
Der Vertrag für ein Mensch-Hund-Team ist unauflösbar!

Ein Mensch-Hund-Team, das ist für immer! In guten wie in schlechten Zeiten! Daran sollten wir uns stets halten. Es gibt nur ganz wenige Fälle, wo dies nicht mehr möglich ist, weil ein Hundehalter beispielsweise schwer erkrankt oder sogar stirbt. Hunde erfüllen ihre Verträge uns gegenüber ein Leben lang. Sie begleiten uns mit ihrer Treue und lieben uns uneingeschränkt. Auch wenn wir selbst krank sind, weichen sie nicht von unserer Seite! Und – offen gesprochen – sie halten doch auch eine Menge mit uns aus! All das macht ja ein gutes Mensch-Hund-Team aus: Jeder ist für den anderen da!

8.7.2 Typologien von Stereotypien

Hierbei sind zu unterscheiden:

1. Lokomotorische – also bewegungsbezogene Stereotypien, wie »Achterschlingen- oder Kreis-Laufen«, herumwirbeln, permanent am Zaun entlanglaufen, graben, erstarren, den eigenen Schwanz jagen.

2. Halluzinatorische Stereotypien bei nicht existierenden Objekten, wie z. B. unsichtbare Fliegen schnappen, sich auf nicht existierende Beute stürzen.

3. Stereotypien im Körperpflegeverhalten: Permanentes »Selbstzerkratzen«, Bekauen der eigenen Füße oder etwa Flankensaugen.

4. Stereotypien im Bereich des Fressens oder Trinkens sind: Steine kauen, Dreck oder Kies fressen, Sabbern.

5. Vokalisationsbezogene Stereotypien, darunter fallen: vor sich hinknurren, Verbellen von Futter oder ein rhythmisches Bellen.

6. Neurotische Stereotypien, wie z. B. bösartiges »Sich-in-die-Füße- oder Sich-in-den-Schwanz-Beißen«. Auch dazu gehören unvermittelte Aggression gegenüber Menschen. *(Henry Robert Askew; Wolf-Dieter Schmidt)*

Obsessiv-kompulsive Störungen
Ferner wird in der Verhaltensmedizin zwischen den vorgenannten Stereotypien und den sogenannten »obsessiv-kompulsiven Störungen« unterschieden, wobei der Übergang fließend sein kann.

Den obsessiv-kompulsiven Störungen beim Hund liegen komplexere Handlungsmuster zugrunde. Diese Störung ist stets Ausdruck einer Angst- bzw. Zwangsstörung (wie auch beim Menschen) und kann demzufolge nur über die Beseitigung der Angststörung be-

hoben werden. So werden z. B. von Hunden bestimmte Situationen immer wieder gesucht – oder ein bestimmter Ort wird immer wieder aufgesucht. Dieses Verhalten kann auch im Kontext mit Jagd- oder Komfortverhalten stehen, wie z.B. die zielgerichtete Suche nach bestimmten Objekten, wie Steinen, Stöcken oder Alu-Dosen. Die Objekte werden dann permanent herumgetragen oder zerbissen. Auch ein Lichtreflexe- oder Schatten-Jagen wird unter dieser vorgenannten Störung subsumiert.
(Sabine Schroll, Joel Dehasse)

8.7.3 Bewegungseinschränkende Bewegungsmuster oder Körperhaltungen

8.7.3.1 Drängeln

Innerhalb des Sozialverhaltens unter Hunden werden Funktionen der freundlichen Gestimmtheit über das »Umeinander-Laufen«, das »Aneinander-Reiben« oder das »Sich-Drängeln« in Sinne eines Körperkontaktes vermittelt. *(Eva Heidenberger)*

Wenn Hunde sich aber in ihrer Familie als erste durch die Tür drängeln, kann das Ausdruck von Neugierde, der Wachsamkeit bei Ankunft von Personen oder einfach nur der Wunsch sein, endlich nach draußen zu kommen. Häufig wird fälschlicherweise sogleich von dominanten Hunden gesprochen.

8.7.3.2 Formen des Umkreisens

Formen des Umkreisens bei Hunden kann bedeuten, dass der Hund entweder sich selbst oder auch andere Hunde umkreist. Dies kann gleichzeitig mit und ohne Bedrängen des anderen Tieres geschehen. Beim Kommunikationsverhaltens des Umkreisens eines anderen Hundes sind verschiedene Stufen und Bedeutungen festzuhalten: Bei Hundebegegnungen kommt es häufig zum Sich-beobachtenden- bzw. Sich-gegenseitig-taxierenden-Umkreisen beider Tiere; dies unter Wahrung einer angemessenen Distanz, da Hunde seltener direkt aufeinander zugehen.

Die Dynamik im Kommunikationsprozess unter Hunden führt dazu, dass ein Wechsel zwischen einer Abstandsvergrößerung bzw. Abstandsverringerung mit Abwenden oder Zuwenden von Körperteilen erfolgen kann. Kommt es nach dem Umkreisen eines anderen Hundes zu agonistischen, also kämpferischen Auseinandersetzungen, kann z. B. über eine Distanzverringerung zu dem anderen Hund auch ein »Den Weg-Verstellen« oder auch ein »Kopf-Auflegen« bis hin zum Ringkampf erfolgen. Dies bedeutet dann schon eine fortgeschrittene Eskalationsstufe: Etwa Stufe drei bis vier von sechs Stufen. Es können sich aber auch mehrere Hunde gleichzeitig umkreisen, z. B. bei einer Ano-Genital-Kontrolle zu dritt.

Dies stellt ein nicht seltenes Ritual unter sich begegnenden Hunden dar: Dabei ist die Rute aufgerichtet oder über den Rücken gebogen, bei meist aufgerichteter Kopf- und Körperhaltung. In einem ganz anderen Kontext kreisen Hunde auch um ihre eigene Achse, nämlich wenn sie sich lösen wollen. Bis zum erfolgreichen Kotabsetzen, können Hunde zuweilen 10–20 Mal im Kreis treten, auch mit Richtungswechseln. Ein Kreisen um den eigenen Hundehalter zeigen Hunde zuweilen als Zeichen ihrer Ungeduld oder in Erwartungshaltung, z. B., wenn sich ihre Menschen im Aufbruch befinden und sie dann befürchten, nicht mitgenommen zu werden.

8.7.3.3 Den Weg verstellen, T-Stellung, Bedrängen

Bewegungseinschränkende Maßnahmen seitens eines Hundes, wie den Weg verstellen, andere Hunde und Menschen bedrängen oder über die sogenannte T-Stellung, sind differenziert zu dekodieren. Eine T-Stellung bedeutet, dass zwei Hunde sich im rechten Winkel zueinander positioniert haben. Gleichzeitig stellt die sogenannte T-Stellung eine bewegungsbegrenzende Maßnahme dar, der ein gegenseitiges Umkreisen vorausgegangen sein kann. Meist zeigt der durchsetzungsstärkere Hund die T-Stellung: Dann steht er quer zu einem anderen Hund, guckt diesem über den Rücken oder legt sogar seinen Kopf auf dessen Rücken. Jetzt sind sämtliche Verhaltensentwicklungen von beiden Hunden aus möglich: So kann der offensiv agierende Hund versuchen, den anderen Hund mit Körpereinsatz wegzudrängen oder ihn zu besteigen. Dagegen kann sich der andere natürlich auch widersetzen, indem er sich etwa auf die Hinterläufe stellt, droht und knurrt. Ernsthafte Verletzungen sind eher selten. Teilweise entstehen z.B. am Kopf Kratzverletzungen. Wenn ein Hund regelmäßig seinem Menschen oder einem anderen Hund den Weg verstellt oder andere Hunde derart bedrängt, dass diese zurückweichen oder sich im schlimmsten Fall im Rudel kaum noch zu bewegen wagen, dann handelt es sich um ein nicht hinnehmbares Dominanzverhalten. Hier sollte schleunigst, vor allem mit fachlicher Beratung – hochprofessionell am Verhalten des Hundes gearbeitet werden. Zuvor aber müssen die Ursachen geklärt werden. Das aber geht nur über eine individuelle qualifizierte Verhaltensberatung mit einer entsprechenden Anamnese.

8.7.3.4 Konkurrenzverhalten mit »Weg-Abschneiden«

Zu einer besonderen Konkurrenzsituation kann es auch zwischen Hund und Halter beispielsweise beim gemeinsamen Joggen kommen: Nämlich dann, wenn der Hund beginnt, mit seinem Halter um die Wette im Zwischenspurt zu fighten und dabei direkt schräg vor seinen Menschen läuft, um ihm das Überholen zu verwehren. Ein spielerisches Konkurrenzverhalten ist durchaus in Ordnung, solange der Halter seinen Hund korrigierend auf die gerade Lauflinie verweisen kann. Dies nicht nur, um selbst keinen Sturz zu riskieren, sondern auch um dem Hund deutliche Grenzen im spielerischen Wettkampf aufzuzeigen, die der Hund respektieren sollte! Eine Korrektur und Grenzsetzung erfolgt beispielsweise über das Anzeigen der gewünschten Bewegungslinie respektive Laufspur durch den Halter zu-

Zu einer besonderen Konkurrenzsituation kann es auch zwischen Hund und Halter beispielsweise beim gemeinsamen Joggen kommen.

sammen mit einem »Und-Hier«. Wichtig ist, dass die Kommunikation zwischen Hund und Halter bereits zuvor ritualisiert wurde, sodass der Hund ein »Nein« oder ein »Und-Hier« bereits längst kennt und er vor allem auch Sichtzeichen seines Halters leicht verstehen und deuten kann. Wichtige Voraussetzung dabei ist, dass der Hund zuvor auch gelernt hat, auf ein individuelles Signal seines Halters hin Blickkontakt mit diesem aufzunehmen.

8.7.3.5 Im Bogen gehen

Wie das Bewegungselement des Umkreisens bei Hunden zeigt, gehen Hunde meist nicht direkt aufeinander zu. Eher seltene Ausnahmen stellen hierbei direkte und unvermittelte Angriffe dar, denen oft krankhafte Störungen zugrunde liegen. Oder wir beobachten dies bei Hunden, die sich gut kennen und die in einer engen Beziehung zueinander stehen. Ein »Im-Bogen-Gehen« mit gebührendem Abstand wirkt deeskalierend und wird auch als Beschwichtigungssignal verstanden. Dies ist auch der Fall, wenn wir als Menschen bei unklaren Begegnungen mit anderen Hunden einen Bogen gehen. Es wird als »weiße Flagge hissen« von Hunden durchaus verstanden. Ebenso, wenn wir uns abwenden und dabei das Gesäß zeigen.

Der Hinweis sei gestattet: Auch wir »Zweibeiner« machen doch vor mancher Situation oder so manchem Zeitgenossen einen (großen) Bogen!

8. 7.3.6 Das Pföteln

Das Pföteln von Hunden ist wahrscheinlich aus dem Suchpendeln und dem Milchtritt mit den Vorderläufen – zunächst beim Saugen bei der Mutter – entstanden. Dabei haben die Welpen bereits gelernt, über Streck- oder Tretbewegungen mit ihrer Pfote die Mutter anzustupsen. Später zeigen Hunde ein Pföteln auch als Aufforderung in Spielsituationen. Folglich wird das Pföteln häufig mit Spielelementen zusammen gezeigt, wie mit einer »Oberkörper-Tiefschrägstellung«, mit Hopsen, Hochschleudern, Anspringen,

Spielbeißen oder über ein »Spielgesicht aufsetzen«. Vom Ausdruckssignal »die Pfote anheben« über das Pföteln bis hin zur Pfoteauflegen gibt es verschiedene gra-

Das Pföteln wird zur sozialen Kontaktaufnahme oder als Spielaufforderung eingesetzt.

duelle Abstufungen, die jeweils kontextbezogen zu deuten sind: So können Hunde z. B. den Vorderlauf leicht anheben und auch in dieser Stellung einen Moment verharren. Dies mit der Bedeutung als Zeichen von Unsicherheit oder auch als sogenanntes Beschwichtigungssignal. In diesem Kontext häufig als ein unwillkürlicher Vorgang, der über das autonome Nervensystem gesteuert wird. Hier spricht man von einer neurovegetativen Reaktion. In diesem Zusammenhang kann auch ein Gähnen von Hunden beobachtet werden – nämlich zum Abbau innerer Spannungen. Legt ein Hund dann seinem Menschen die Pfote auf das Knie, sind zuweilen mehrere Aktionen seitens des Hundes vorangegangen, wie z. B. den Halter mit dem Blick fixieren, ihm näherkommen, mit den Zähnen klappern, mit der Nase stupsen oder pföteln. Dies alles z. B. um mitzuteilen, dass es Zeit ist, den Futternapf zu füllen. Hilft das immer noch nicht, um vom Halter verstanden zu werden, kann der hungrige Hund zu weiteren Maßnahmen greifen, wie durch Emittieren von höher werdenden Brummlauten, mittels geräuschvollem Gähnen bis zum hin zum Aufforderungsbellen. *(Jörg Tschentscher)*

8.8 Bedeutung von Körperhaltungen für die Kommunikation zwischen Mensch und Hund

Für uns Menschen bedeuten diese Zusammenhänge auch zu erkennen, dass wir viel häufiger und klarer über Körper- und Zeichensprache, wie Gestik, Mimik, Taktiles, mit Hunden kommunizieren sollten, als nur über unsere Stimme. Denn Hunde begreifen dies sehr wohl; selbst wenn wir versuchen, Signale aus dem hundlichen Ausdrucksverhalten einzusetzen, und reagieren darauf prompt! Teilweise scheint dies sogar unsere Hunde zu »verblüffen«! Zudem können wir die Stimme leiser und sparsamer einsetzen. Weiterhin gilt es zu erkennen, dass wir als Menschen ebenso wie anwesende Hunde Interaktions- und Kommunikationsprozesse über unsere Körperbewegungen mitgestalten und damit das Ausdrucksverhalten unserer Hunde mit beeinflusst wird.

Gehen wir ruhig einmal der Frage nach: Wie sind unsere eigenen Bewegungen? Sind unsere Bewegungen ruhig, gelassen und souverän oder eher hektisch, diffus oder sogar inadäquat zu Situation? Und sind wir für Hunde freundliche, ausgeglichene Partner, beständig und einschätzbar? Oder aber: »Was geschieht, wenn Menschen im Einzelfall auf Hunde sogar angsteinflößend und unberechenbar wirken?«

In jedem Fall spiegelt sich die Umwelt und das eigene Erleben eines Hundes in seinem Ausdrucksverhalten, ja in seinem gesamten Verhalten wider. Selbstverständlich gibt das Verhalten eines Hundes auch Auskunft über den Halter bzw. die Haltung eines Hundes: Es gilt dasselbe wie unter uns Menschen: Wo gibt es in einer gewalttätigen und von Angst penetrierten Familie glückliche Kinder oder entspannte Menschen? Und eines ist sicher: Wer Hunde ihrer Art entsprechend glücklich macht, der macht auch sich selber glücklich und froh ... und Hunde spiegeln es uns sofort zurück und beschenken uns damit jeden Tag aufs Neue!

So etwa empfand wohl auch Heinz Rühmann als er sagte: »Zwar kann man ohne Hund leben, nur lohnt es sich nicht!«
Wenn wir Kommunikationsabläufe und das Verhalten von Hunden verstehen wollen, sei eines vorangestellt: Wenn Hundehaltung nicht den Bedürfnissen eines Tieres entspricht, werden Hunde gegebenenfalls versuchen, ihr Verhalten den Bedingungen so anzupassen, dass sie selbst möglichst wenig Scha-

den nehmen. Mit anderen Worten: Sie werden sich Freiräume schaffen und werden Flucht- oder Vermeidungsstrategien einsetzen; ebenso Formen eines »unerwünschten Verhaltes« aus menschlicher Sicht zeigen: Dies kann sich daran zeigen, dass sie z. B. ihrem Partner den Gehorsam oder die Kooperationsbereitschaft verweigern. Selbstverständlich können Hunde auch resignieren, depressiv oder neurotisch werden. Hunde brauchen eine für sie verständliche Ansprache, Aufgaben, Respekt, Liebe und Verständnis für ihre Bedürfnisse. Verständnis aber setzt zwangsläufig Verstehen voraus: Nämlich, dass wir uns als Menschen Grundlagen ihres Ausdrucksverhaltens und der hundlichen Bedürfnisse aneignen.

8.9 Ausdrucks- und Bewegungsverhalten verstehen lernen

Hierbei bedürfen vor allem das »Aufreiten«, das Beiß-Schütteln, das Sitzen und Stehen, das »Sich-Niederlegen« wie auch die Peniserektion und das »Vorstehen« einer näheren Betrachtung.

8.9.1 Das Aufreiten

Das Aufreiten ist keinesfalls allein als sexuell motivierte Handlung zu begreifen, sondern ist häufig eine Geste der Dominanz. Hunde zeigen diese sowohl anderen Hunden – durchaus auch gleichgeschlechtlichen – wie auch dem Menschen gegenüber. Dieses

häufig, indem Hunde das Hosenbein des Menschen bespringen bzw. daran aufzureiten versuchen. Die derartige Form, dem Menschen so ihre Überlegenheit zu zeigen, als Geste der Dominanz, sollte Hunden strikt und unmittelbar untersagt werden. Und zwar durch ein sofortiges »Nein« oder »Aus«. Dazu empfiehlt sich die sogenannte »Nachkontrolle« in der Form, dass man den Hund beispielsweise ablegen lässt – solange, bis man diese Aufforderung selbst wieder auflöst, z. B. über ein »Und-Komm«. Dies gilt auch beim Bespringen von Sofakissen und anderen menschlichen Besitztümern durch den Hund. Eine weitere Ursache für das gezeigte Verhalten des Aufreitens kann in seltenen Fällen auch ein fehlgesteuertes Sexualverhalten sein: Dies ist häufig eher weniger hormonell bedingt, als durch Erziehungs-, Haltungs- und Ausbildungsfehler verursacht, und kann zu entsprechenden psychischen Problemen führen. Auch andere Hunde begreifen Aufreitversuche eines Artgenossen durchaus als unwillkommene Überlegenheitsgeste, der sie Einhalt gebieten wollen, vor allem dann, wenn diese Versuche permanent erfolgen. Nicht selten nimmt der andere Hund die gezeigte Herausforderung an und dem »Herausforderer« werden deutliche Grenzen aufgezeigt. Für Hundehalter ist es in diesen Situationen wichtig, den Grad der Anspannung zwischen beiden Hunden rechtzeitig zu erkennen und notfalls einzuschreiten, um die Situation nicht eskalieren zu lassen.

Grundsätzlich besteht eine Tendenz, dass Hundehalter eher zu spät eingreifen. Wichtig ist eine vorausschauende Beobachtung der Körpersprache beider Hunde und der Gesamtstimmung in der Situation. Also schadet es nicht, bereits in der ersten Phase der Aufreitversuche seinen Hund zurückzurufen. Zu spätes Einschreiten – etwa noch mit »Handgemenge« in einer aufgeheizten Stimmung – kann oft problematisch werden, vor allem auch, wenn einer oder beide Hundehalter vielleicht noch emotional reagieren.

Das Aufreiten ist aber auch im Funktionskreis des spielerischen Sozialverhaltens von Hunden angesiedelt. So kann es zudem im Spiel mit anderen Bewegungen, wie dem Aufforderungslaufen, Rennen, Hopsen, Ein-Spielgesicht-Aufsetzen, dem Anspringen, Tragen und Hochschleudern gezeigt werden. Auch das Spielbeißen, Pföteln, Überspringen oder »Vorne-Niedergehen« gehören dazu. *(Eva Heidenberger)*

Die gezeigten Verhaltensübergänge sind beim Aufreiten in ihren Funktionen und Bedeutungen oft fließend.

8.9.2 Das Beiß-Schütteln

Wenn wir über das Kommunikationssignal des »Beiß-Schüttelns« sprechen, muss deutlich hervorgehoben werden, dass es hierbei im Verständnis um eine klare Abgrenzung zum Kommunikationssignal des »Schüttelns« geht, welches Hunde in verschiedenen anderen Kontexten zeigen. Das Schütteln zeigen Hunde z. B. zum Stressabbau oder als Komfortverhalten, um Nässe, wie Wasser oder Schnee, abzuschütteln. Ein Schütteln ist auch in Konfliktsituationen, bei erlebter Freude oder als »Frust-Schütteln« zu beobachten. Das Schütteln wie vorgestellt, darf nicht mit der tödlichen Bedrohung des Beiß-Schüttelns gleichgesetzt werden. Das Letztere wird nur äußerst selten in lebensbedrohlichen Ernstkämpfen zwischen Hunden gezeigt oder auch bei der Jagd, wenn Hunde das Opfer mittels Genickgriff mit anschließendem Beiß- oder Totschütteln – auch durch Genickbiss – töten wollen. Dabei ist festzuhalten, dass die Jagdformen durchaus bei verschiedenen Hunderassen variieren können. Beute wird in diesen Kontexten geschüttelt bzw. totgeschüttelt. Die Begrifflichkeiten wie »Schütteln«, »Schüttelbewegungen« oder das »Totschütteln« bedürfen jeweils einer kontextbezogenen differenzierten Klärung. Zuweilen wird im Zusammenhang mit dem Schütteln bzw. Beiß-Schütteln auch das sogenannte »Nackenfellschütteln« unter Hunden und gegenüber Hunden als disziplinierendes und erzieherisches Element diskutiert und als Formen des sozialen Lernens dargestellt. Dies unter Berufung auf die Veröffentlichung von Eberhard Trumler »Ratgeber für den Hundefreund« aus dem Jahre 1977. Allerdings hat Trumler seine Hypothese selbst in seinem späteren Forscherleben widerrufen. Inzwischen hat die »Nackenfellschüttel-Theorie« wissenschaftlich gesehen keinen Bestand mehr.

8.9.3 Stehen, Sitzen, Sich-Niederlegen

Bei Formen des Stehens und des Sitzens sind verschiedene Stellungen und Haltungen auszumachen: Standpositionen von Hunden zeigen insbesondere über die Rute, Kopf- und Ohrenstellung unterschiedliche graduelle Abstufungen von Anspannung, Erregung, Freude, Wachsamkeit oder auch Ängstlichkeit und Stress an. Ein Stehen mit herunterhängender Rute, entspannter Kopf- und Ohrenhaltung und mit offener Maulhaltung beschreibt eine entspannte Grundhaltung des Hundes. Ganz anders ist ein Stehen mit lang angespanntem Rücken sowie aufgestellten Rückenhaaren, einer aufgestellten Rute zu deuten, meist noch mit einer spitzwinklig oder rundwinklig zulaufenden Maulöffnung mit Tendenz zum Offensiv- oder Defensiv-Drohen. Dazu kommen häufig hochaufgestellte oder nach vorn gerichtete Ohren als Ausdruck von angespannter Wachsamkeit bis hin zur Andeutung von Kampf- beziehungsweise Verteidigungsbereitschaft.

Das Sitzen mit angespannter Wirbelsäule, in schräg-gerader Haltung mit erhobenem Kopf und wachsamem bzw. fixierendem Blick sowie hochgestellten Ohren, kann die jeweils nuancierte, wachsame bis verteidigungsbereite Grundanspannung des Hundes anzeigen. Zuweilen erleben wir unseren Hund vielleicht auch in dieser Haltung auf dem Beifahrersitz unseres Autos, wenn wir vom Einkauf zurückkommen und unser Hund die Lage peilt bzw. unser »Territorium Auto« zwischenzeitlich verteidigungsbereit beschützt.

Oft geht das Sitzen eines Hundes in das langgestreckte Ablegen bzw. »Sich-Niederlegen« über, welches wie das Sitzen und Stehen dem Ausruhverhalten zuzuordnen ist. Die Übergänge vom Stehen, Sitzen oder Ablegen sind oft fließend bzw. erfolgen meist in rascher Abfolge. Beim »Sich-Niederlegen« können wir verschiedene Formen und Positionen beobachten, die der Hund dann einnimmt: Hat der Hund sich niedergelegt, liegt der Kopf häufig auf einer Vorderpfote. Zuweilen zeigt die Innenseite der Pfote dann nach oben. Manchmal liegt der Kopf auch auf den überkreuz geschlagenen Vorderläufen, dann meist auf einer Seite. Wir beobachten auch ein halbkreisförmiges Zusammenrollen, welches Hunde insbesondere bei großer Müdigkeit zeigen. Ebenso kann die Rückenlage nach dem »Sich-Niederlegen« zum Schlafen und Träumen eingenommen werden; dies bei entspannten, leicht angewinkelten Hinterläufen in leicht geöffneter Position. Gleichzeitig sind zuweilen die Vorderläufe zur Brust hin angewinkelt, manchmal halten Hunde sogar schlafend eine Pfote im Fang.

8.9.4 Die Peniserektion

Zur Begrifflichkeit der »Peniserektion« beim Hund ist zunächst mit einem umgangssprachlichen Missverständnis aufzuräumen: Der Penis eines Hundes unterscheidet sich erheblich von dem des Menschen. Beim Hund ist er anatomisch bedingt grundsätzlich aufgerichtet, da der Penisknochen es dem Hund ermöglicht, noch vor dem Anschwellen des Penisschaftes in die Hündin einzudringen. Der bei einer Erektion sichtbare Teil des Hundepenis entspricht der Eichel des Homo sapiens. *(A.-R. Günzel-Apel in »Fertilitätskontrolle und Samenübertragung beim Hund«)* Mit der hundlichen »Peniserektion« wird dann meist die Vergrößerung, das Heraustreten des Penisschaftes mit einem hohen Anstieg der Schwellkörper subsumiert. Auch bei der sogenannten »Peniserektion« ist es wichtig, die gesamte Situation des Hundes in den Fokus zu nehmen. Rüden können nämlich auch ohne Anwesenheit einer läufigen Hündin durchaus eine Erektion zeigen. Dies ist auch möglich, wenn sie kastriert sind.

Eine »Peniserektion« bei Hunden ist also nicht allein in Zusammenhang mit der Fortpflanzung zu sehen. Hunde zeigen diese vielmehr auch in psychischen Anspannungssituationen, also in Stress- und Konfliktsituationen. Insbesondere auch in der Auslaufphase eines Konfliktmomentes, also bei sinkendem Stresspegel bzw. nachlassender Anspannung. Eine so beschriebene Erektion zeigt sich nicht selten im Kontext mit anderen Symptomen, wie Zittern, Nervosität, Hecheln sowie mangelnder Impulskontrolle, die auch mit plötzlichem Urinabsatz einhergehen kann oder auch mit anderen Überreaktionen. Es ist gegebenenfalls auch Hinweis darauf, dass ein innerer Zielkonflikt vorliegt oder Bedürfnisse des Tieres unberücksichtigt blieben. Ebenso können eine Situation, die den Hund überfordert oder eine Kumulierung von Stress-Symptomen hierfür die Ursache sein, wie auch eine fehlerhafte Verknüpfung des Hundes. Diese Letztere kann schon bei Junghunden bzw. Welpen vorliegen. Es sind ernstzunehmende Hinweise für eine gestörte Befindlichkeit bzw. Verhaltensentwicklung, die schnellstmöglich mit Fach- und Sachverstand korrigiert werden sollte.

8.9.5 Das Vorstehen

Wenn Hunde »vorstehen« bedeutet dies, dass sie z. B. gefundenes Wild anzeigen, indem sie reglos, meist mit angewinkeltem Vorderlauf, vor der von ihnen aufgestöberten Beute, wie z. B. dem sich drückendem Wild, verharren. Als Vorsteh-Hunde oder »Vollgebrauchshunde« werden beispielsweise Epagneul Breton, Pointer, Irish Setter, Kleiner und Großer Münsterländer, Deutscher Drahthaar, Deutscher Stichelhaar

Wenn Hunde »vorstehen« bedeutet dies, dass sie zum Beispiel gefundenes Wild anzeigen.

oder Ungarische Vorstehhunde bezeichnet. Man geht davon aus, dass das Vorstehen auf ein vom Wolf ererbtes Verhalten zurückgeht. Denn bevor Wölfe ihre Beute angreifen, verharren sie kurze Zeit in einer Starre. Somit bleibt ein ausgebildeter Vorstehhund regungslos vor dem Wild stehen, mit einer auf das Ziel gerichteten Nase und wie erwähnt, mit einer erhobenen Vorderpfote. Gleichzeitig ist die Rute nach hinten gestreckt. Der Hund hat gelernt, in dieser Stellung zu verharren bis der Jäger herankommt. Auch hat er gelernt, anschließend das Wild aufzuscheuchen und auch beim Schuss Ruhe zu bewahren und nicht etwa dem Wild hinterherzuhetzen.

FAZIT:

Unser Kommunikationsverständnis gegenüber unseren Hunden macht sich daran fest, inwieweit wir in der Lage sind, ihr Ausdrucksverhalten und ihre Körperbewegungen zu verstehen und gedanklich in der Lage sind, in ihre Welt einzutauchen. Sozusagen, ein Erleben aus Sicht unserer Hunde nachvollziehen zu können. Dies bedeutet auch gleichzeitig, in unserer Vorstellungskraft marginal mit ihren Möglichkeiten und ihren Bedürfnissen ausgestattet zu sein. In gewissem Sinne also ein Rollentausch, der sich eventuell auch über die Frage vertiefen könnte: »Wie würden wir das Leben unserer Hunde durch ihre Augen sehen, dabei gleichzeitig ihre Bedürfnisse und ihre Sinnesphysiologie teilen können?«

8.10 Kommunikation: Erfolg durch Umkehrdenken

Kommunikation gelingt deutlich besser, wenn wir in der Lage sind, uns auch einmal in unser Gegenüber zu versetzen, sei es ein Mensch, Hund oder ein anderes Lebewesen. Wir vertauschen also unsere Rolle und unsere Perspektive. Dazu die Geschichte »Am Stammtisch der Hunde« Teil 1 von Barbara Wardeck-Mohr aus »ZeitProfile«, Kibokera Verlag 2006.

»Jede Woche treffen sie sich oben im Wald auf einer lauschigen Wiese inmitten von Blumen und Gräsern, durch die munter ein Bach sprudelt und von schönen alten Bäumen umgeben wird: »Carlo«, der Sennehund, »Schnappmann«, ein Jagdhund, »Mira«, die Collie-Hündin und der Siberian Husky »Blizzard«. Manchmal kommen noch weitere Hunde von nah und fern zum Stammtisch, je nachdem, ob es ihnen gelingt, in einem günstigen Moment von zu Hause zu entwischen ... Jedes Mal haben sie sich viel zu erzählen: Und so erfährt jeder, was sich in den Familien der anderen Hunde abspielt. Heute beginnt »Carlo«: »Was für ein Glück, dass die Fußball-Weltmeisterschaft endlich vorbei ist! Mein Herrchen war drei lange Wochen für keinen Ausflug mehr zu begeistern. Immer wieder habe ich ihn mit der Pfote angestupst, um selbst mal mit ihm im Garten Ball spielen zu können.

Aber er hat gar nicht darauf reagiert, nur auf dem Sofa gelegen und dumpf vor sich hingestarrt und immer wieder laut und sinnlos geschrieen. Das tat meinen Ohren sehr weh. Und zugenommen hat er auch: Wohl von den vielen Flaschen, die so unangenehm rochen und dem salzig-fettigen Zeug, was er unentwegt

in sich reingeschoben hat.« »Tja, tja«, entfährt es »Mira«, der eleganten Collie-Hündin: »Auch Kobold, mein Freund, der Boxer ist kaum rausgekommen. Er musste sogar die ganze Zeit im Zwinger sitzen, weil seine Familie fast jeden Tag eine »WM-Party« gefeiert hat. Eines Tages ist er aus dem Zwinger ausgebrochen und hat in seiner Freude einen Radfahrer übersehen, der dann prompt hinfiel und »Kobold« sogar geschlagen hat. Darauf hat »Kobold« sich gewehrt und ihm ins Hosenbein gezwackt. Und jetzt hat »Kobold« richtig Ärger. Da kam dann jemand vom Ordnungsamt und verlangte, dass »Kobold« ab sofort einen Maulkorb trägt, und in seiner Familie hat er dann noch eine Standpauke und Fußtritte bekommen. Jetzt möchte »Kobold« da ganz weg. Er fühlt sich von allen verraten und allein gelassen. »Aber, fährt »Mira« die Collie-Hündin fort, jetzt versuche ich mein Herrchen »Tierfried« davon zu überzeugen, dass »Kobold« zu uns kommt und so ziehe ich ihn jeden Tag an Kobolds Zwinger vorbei und fiepe, quärre und winsele, was meine Hundekehle hergibt«. Ich glaube in der nächsten Woche habe ich Tierfried soweit ...!«

9 Primäre Kommunikationssignale differenziert und kontextbezogen verstehen

KAPITEL 9

9.1 Das Kommunikationssignal »Gähnen«

Auch das Kommunikationssignal Gähnen steht – wie das gesamte Ausdrucksrepertoire von Hunden – für ganz unterschiedliche Bedeutungen im jeweiligen Kontext. Zur richtigen Deutung sind neben einer guten Beobachtungsgabe wesentliche verhaltensbiologische Zusammenhänge zu berücksichtigen. Hinzu kommen Aspekte des Ethogramms von Hunderassen, also dem spezifischen Ausdrucks- und Verhaltensinventar einer Hunderasse.

Während beim Alaskan Malamute im Kopfbereich 43 mimische Ausdrucksformen beobachtet wurden, sind es beim Pudel oder Zwergpudel 14 und beim Deutschen Schäferhund nur 12 mimische Varianten. Neben der Varianz an mimischen Ausdruckszeichen gibt es auch rassespezifische Unterschiede: So öffnen Möpse z.B. bei aggressiven Begegnungen das Maul – oft in Übergangsstufen bis zum Drohfixieren.

Die meist voreilige Deutung beim Anblick eines gähnenden Hundes reicht von einer Stressvermutung über den Verdacht der Müdigkeit bis hin zum Beschwichtigungssignal. Aber genau hier beginnt der Irrtum: Auch beim Signal des »Gähnens« von Hunden gilt, dass es sich zunächst nur um ein einzelnes Kommunikationssignal oder eine Coping-(Bewältigungs-)Strategie handelt, die dazu angelegt ist, eine Situation adäquat zu beantworten.

Die jeweilige Bedeutung aber leitet sich erst aus der Signalabfolge, dem jeweiligen Kontext sowie den individuellen Kommunikations-Spezifikas einer Hundepersönlichkeit ab. Das Gähnen und andere Signale können Hunde übrigens auch dann zeigen, wenn kein anderer Kommunikationspartner anwesend ist.

9.1.1 Gähnen als »Beschwichtigungssignal« – was sagt die Wissenschaft?

In aller Munde sind die sogenannten »Calming Signals« oder »Beschwichtigungssignale«, die durch Turid Rugas – als angebliche Innovation bei Verhaltensbeobachtungen von Hunden eingeführt wurden und die sich neben »Gähnen« in weiteren Formen des Ausdruckverhaltens nach der Rugas-Katalogisierung zeigen können. Beispiel hierfür sind: »Blick-Verkürzen«, Blinzeln, Den-Kopf-Abwenden, »Sich-über-den-Fang-Lecken«, »Im-Bogen-Gehen«, Den-Schritt-Verlangsamen oder Einen-Vorderlauf-Anheben. Die von Rugas teilweise allzu generalisierte Beschwichtigungstheorie bedarf unbedingt einer differenzierten Überprüfung. Weshalb? Untersucht man »angewölftes« (angeborenes) Verhalten bei Wölfen und Hunden näher, so stellt sich die Frage, ob der Begriff »Beschwichtigung« generell zum Verhaltensinventar von Kaniden (Hundeartigen) verhaltensbiologisch überhaupt passend und differenziert genug gewählt ist.

Und ist er überhaupt tauglich für die vielfältigsten Kommunikationssituationen, in denen Hunde agieren? Dabei sollten wir uns vor Augen führen: In der Kinderstube von Wölfen und Hunden wird als erstes eines vermittelt: Grenzen, die von Älteren und Ranghöheren gesetzt werden, sind zu respektieren! Dies bedeutet unmissverständlich, den anderen zu respektieren – einschließlich der von ihm gesetzten Distanzzonen! In fein nuancierten Formen werden Drohgesten von den Eltern oder älteren Geschwistern bei Hunden und Wölfen über »respekteinfordernde Gesten« gegenüber den Welpen eingesetzt, die landläufig als dominante Gesten oder Dominanzverhalten beschrieben werden.

Respektiert ein Junghund oder Jungwolf die gesetzten Grenzen, zeigt er dies über »respektgebende Gesten«, ebenso fein differenziert wie sie eingefordert wurden. Diese

Das Kommunikationssignal Gähnen steht für ganz unterschiedliche Bedeutungen im jeweiligen Kontext.

Gesten werden dann oft als »submissive Gestik« viel zu grob verallgemeinert. Im beschriebenen Kontext handelt es sich einzig und allein um spielerische Lernformen. Ernsthafte Auseinandersetzungen sind in intakten familiären Wolfs- oder Hunde-Beziehungen nicht vorgesehen! Dies bestätigen auch aktuelle Studien von David Mech, der über 13! Jahre lang im Kanadischen Ellesmere Island bei Wolfsbeobachtungen in Rudeln keinen einzigen Beschädigungskampf feststellen konnte!

Es gibt also durchaus einen Unterschied zwischen einfacher »Grenzsetzung« und der »Akzeptanz dieser Grenzsetzung« in Form eines »ich habe verstanden« – insbesondere in der Welpenerziehung von dem davon klar abzugrenzenden Deeskalationsverhalten von Hunden und Wölfen bei angeheizter Stimmung oder bei agonistischen Auseinandersetzungen. Agonistik kennzeichnet Formen von Droh-, Kampf- und Fluchtverhalten bei Kaniden. Nur in diesen Zusammenhängen sind submissive Gestik bzw. »Beschwichtigung« zu stellen, treffender aber erscheint hier die Begrifflichkeit »Deeskalation«.

Das Erlernen von Ausdrucksverhalten als vorbereitende »Lebensschule«, z.B. über das Sozialspiel, verläuft unter völlig anderen Rahmenbedingungen: Wolfs- und Hunde-Eltern erziehen ihre Kinder liebevoll, konsequent und souverän. Elterntiere lassen ihre Kleinen bis zu gewissen Grenzen auch durchaus einfach gewähren.

9.1.2 Neurovegetative Reaktion bei Stress und Angst

Kommunikationssignale von Hunden, wie das »Gähnen«, können auch in Situationen mit und ohne Anwesenheit anderer Hunde und Menschen gezeigt werden: Zeigt ein Hund ein solches Signal außerhalb von sozialer Kommunikation, haben wir es möglicherweise mit autonomen Reaktionen des unwillkürlichen Nervensystems zu tun, die in jeder Situation oder Umgebung bei Hunden ausgelöst werden können, die für Hunde mit Angst, Unsicherheit oder Ungewissheit verbunden sind.

Das Gähnen von Hunden in Angst- und Stresskontexten wird daher oft unzutreffender Weise als »Beschwichtigungssignal« gedeutet, was unter der Voraussetzung einer neurovegetativen Reaktion – wie erläutert – so nicht standhält, sondern vielmehr im Kontext von »Abbau innerer Spannungen oder innerer Konflikte« zu sehen ist.

9.1.3 Übersprunghandlungen und Mehrfachschaltung von Signalen

Wenn eine Reaktion in keinem Zusammenhang zum Ereignis zu stehen scheint, in der sie gezeigt wird, sprechen wir von einer Übersprunghandlung. Beispiel: Ein Hund möchte gerne den ungeliebten Briefträger ins Bein zwicken, der wieder mal ins Territorium einfällt, der Hund tut dies aber nicht, sondern holt stattdessen die Blumenzwiebeln aus dem Vorgarten. Oder: Ein Hund wird auf dem Arm herumgetragen. Es wird ihm mit der Nähe zu viel, er gähnt. Zuvor hat er vielleicht schon andere Signale gezeigt, zuerst den Kopf abgewendet, sich über den Fang geleckt oder geblinzelt.

9.1.4 Gähnen beim Grooming

Zum Zeichen des sozialen Zusammenhaltes und der gegenseitigen Beziehungspflege kann auch ein gegenseitiges Mundwinkel- und Maulbelecken oder Beknapsen des Sozialpartners (Grooming) gezeigt werden. Darauf erfolgt dann wieder ein reflektorisches Gähnen im Gegenzug. Damit werden auch mögliche innere Spannungen abgebaut.

9.1.5 Gähnen als Demutspose

Wenn sich ein Hund mit einem höheren Sozialstatus nähert, wird das Gähnen eines rangniederen Hundes als »submissive Gestik« zielgerichtet zur sozialen Integration eingesetzt. Die aktive Unterwerfung (R. Schenkel) wird daher auch als »soziales Grüßen« gesehen und ist ebenfalls eine Form der respektgebenden Gestik.

9.1.6 Gähnen in belastenden Angst- und Stress-Situationen

In der Konfrontation mit für den Hund angsterzeugenden Individuen und oder auch bei Angst vor Gegenständen, kann Gähnen als »Coping-Strategie«, als Bewältigungsstrategie und auch als Ventil zur Situationsbewältigung gezeigt werden. Das Gähnen erfolgt dann oft auch in der Kombination mit einem »Sich-Schütteln« oder den Vorderlauf-Anheben. Auch bei zu viel Stress oder Nähe wird gegähnt.

9.1.7 Empathie über das Prinzip der Spiegelneuronen

Inzwischen steht fest, dass ein sogenannter Ansteckungseffekt beim Gähnen nicht nur ein menschliches Phänomen darstellt, sondern geringer ausgeprägt, auch bei Schimpansen vorkommt. Am höchsten aber ist das »Empathie-Gähnen« bei Hunden ausgeprägt, was verschiedene renommierte Studien nachweisen konnten. (Max-Planck-Institut Leipzig) Am Erstaunlichsten ist dabei, dass ein Versuch mit 29 Hunden zeigte, dass 21 der Probanten-Hunde – also etwa 72 % – das Gähnen des Versuchsleiters imitierten!

Bei uns Menschen liegt die »Ansteckungsquote« mit 45–50 % deutlich darunter und bei Schimpansen sind es gar nur etwa 35 %, die sich vom gähnenden Menschen animieren lassen. Ein ähnliches Ergebnis zeigt sich bei der Deutung menschlicher Gesten und Bewegungen: 9 von 11 Hunden verstehen diese nach Untersuchungen des Max-Planck-Instituts Leipzig richtig, während sich die Verstehensleistung bei Schimpansen im umgekehrten Verhältnis unvergleichlich schwächer darstellt. Und eines ist somit wissenschaftlich erwiesen: Keine andere Spezies versteht uns so gut wie unsere Hunde! Und sie haben im Zusammenleben mit uns Menschen grundlegende und hochentwickelte Formen von Empathie, also des Einfühlungsvermögens, entwickelt. Das einzigartige gegenseitige Verstehen im Ausdrucksverhalten zwischen Hunden und Menschen liegt in einer langen gemeinsamen Co-Evolution begründet, mit der Folge einer sogar gegenseitigen genetischen Beeinflussung! (vergl. Kapitel 1)

Neurobiologisch liegt der Schlüssel für Empathie und gegenseitiges Ausdrucksverstehen bei den Spiegelzellen bzw. Spiegelneuronen. Als Nervenzellen lösen Spiegelneuronen bei Betrachtung eines Vorgangs im Gehirn die gleichen Potentiale aus, so, als wenn dieser Vorgang aktiv selbst vom Individuum gestaltet bzw. erlebt würde. Wir erkennen, wie vielfältig und spannend die Verhaltensergründung eines gähnenden Hundes sein kann.

Dazu noch ein kleines Experiment

Versuchen Sie doch selbst einmal, Ihren Hund zum Gähnen zu animieren ...

Schauen Sie, wie oft Sie gähnen müssen, bis Ihr Hund ebenfalls darauf mit einem Gähnen reagiert!

9.2 Die Kommunikationssignale »Ohrenspiel und Ohrenstellungen«

Betrachten wir das Kommunikationsvermögen von Hunden näher, so stellen wir – wie bereits ausgeführt – fest: Hunde verfügen ebenso wie wir Menschen über ein Multi-Kommunikationssystem: Alle Wahrnehmungskanäle wie z. B. das Hören, Sehen oder der Geruchssinn sind darin miteinander verknüpft. Das Hörvermögen von Hunden ist dem menschlichen deutlich überlegen: So können Hunde Geräusche sehr viel differenzierter wahrnehmen und analysieren. Zudem können sie auch aus einer Geräuschkulisse einzelne Töne und Geräusche herausfiltern und diese auch etwa zehnmal stärker orten, als wir Menschen dies vermögen. Besonders hervorzuheben ist auch, dass Hunde im Ultraschallbereich zwischen 20 Hertz und 60.000 Hertz Töne wahrnehmen können.

Damit wird sofort erkennbar, welche herausragende Stellung die Sinnesphysiologie und Kommunikation über die Ohren- und Ohrenhaltungen bei Hunden in deren Ausdrucksverhalten einnimmt. Hunde »sprechen« über ihr Ausdrucksverhalten und zeigen damit auch ihre Gefühlslage an: In diesem Fall über Ohrenstellungen bzw. über das Ohrenspiel, also dem Anlegen und Aufstellen der Ohren bzw. ihrem »Nach-vorne-Stellen«. Allerdings gibt es beim Ohrenspiel nicht nur die drei vorgenannten Positionen, sondern bei näherer Betrachtung erkennen wir eine Vielzahl fein nuancierter Abstufungen: z.B. hinsichtlich des Winkels der Ohrenstellung beim Anlegen oder beim »Vorne-Überstellen« der Ohren. Dies auch hinsichtlich der Lage der Ohrenspitzen, ob diese umgelegt werden, zu welchem Anspannungsgrad respektive zu welcher Höhe der Ohransatz angehoben wird. Über die Ohrenstellungen werden auch innere Zustände, wie Aufmerksamkeit, Wachsamkeit, Angriffsbereitschaft, Stress oder auch Angst erkennbar.

9.2.1 Kontextbezogene Deutung der Ohrenstellungen

Kommunikationssignale dürfen, wie erwähnt, grundsätzlich nicht einzeln losgelöst gedeutet werden, sondern sind stets im situativen Kontext mit anderen gezeigten Signalen zu beurteilen. Dies gilt auch für die Deutung von Ohrenstellungen. Hierbei ist außerdem das gesamte Erscheinungsbild des Hundes zu berücksichtigen: Wie wird die Rute gehalten? Wie verändert sich die Rutenhaltung gleichzeitig mit einer veränderten Ohrenstellung? Wie stellen sich Körperhaltung, Augen und Gesichtsausdruck dar? Was zeigen uns das Nackenfell, der Nasenrücken, der Fang an? Sind die Zähne des Hundes entblößt? Ist die Mundwinkelstellung lang und spitz gezogen (Defensiv-Drohen) oder zeigt sie sich eher rund (Angriffs-Drohen)? Auch die Signalabfolge spielt eine besondere Rolle bei der Deutung des jeweiligen Ausdrucksverhaltens, nicht zuletzt neben dem individuellen Kommunikationsrepertoire, das jede einzelne Hundepersönlichkeit zeigt.

Odin wurde mit nur sieben Monaten – allein aufgrund seiner Rassezugehörigkeit – in den Niederlanden beschlagnahmt und sinnlos ermordet!

9.2.2. Auswirkungen der Anatomie von Hundeohren auf die Kommunikation

Weitere Faktoren zur Beurteilung der »Ohrenkommunikation« begründen sind durch die unterschiedlichen anatomischen Voraussetzungen von Hundeohren. Denn kaum ein anderes Körperteil des Hundes ist stärker als das Ohr durch Zuchtselektionen beeinflusst worden. Und so stellt sich sogleich die Frage: Handelt es sich um Hängeohren, Spitz- oder Stehohren? Dabei ist hervorzuheben, dass bei der Ohrenstellung auch die Breite des Schädels und damit auch die Lage der Augen eine Rolle spielen. Damit hängt nämlich zusammen, ob die Ohren weit auseinanderstehen, wie beim Deutschen Schäferhund oder ob sie hoch angesetzt sind, wie bei der Deutschen Dogge. Oder ob sie tief angesetzt sind, wie beim King Charles Spaniel. In der Fachliteratur werden über zehn verschiedene Varianten von Ohrformen beschrieben.

Auszugsweise sollen hier einige Ohrenformen beschrieben werden:

1. Das sogenannte »Fledermausohr« – wie es bei der Französischen Bulldogge auftritt – ist aufrechtstehend und breit im Ansatz sowie an der Spitze gerundet, wobei die Ohrmuschel nach vorne ausgerichtet ist.

2. Eine interessante Variante ist das »Kapuzenohr«, wie es beim Chow-Chow vorkommt. Dies in Form eines kleinen aufrechten Dreiecks und gleichzeitig etwas nach vorne geklappt.

3. Das »haselnussförmige Ohr« ist ein Hänge-Ohr, dessen Form sich nussförmig im unteren Ohrenabschnitt abzeichnet, wie etwa beim Bedlington Terrier.

4. Von einem »Knopf-Ohr« spricht man, wenn es sich um ein halb hängendes, dicht am Schädel liegendes Ohr handelt, dessen Spitze Richtung der Augen zeigt und zudem die Ohröffnung bedeckt, wie es beim Irish Terrier der Fall ist.

5. Das Steh-Ohr, wie beim Deutschen Schäferhund, ist ein aufrecht stehendes und meist spitz zulaufendes Ohr.

6. Bei Möpsen spricht man hingegen von einem sogenannten »Rosen-Ohr«, einem kleinen hängenden Ohr, welches nach vorne geklappt ist.

(J. Palmer: Die Farbige Enzyklopädie der Hunde)

In diesem Zusammenhang sei erwähnt, dass im Jahre 2003 ein Basset-Hund namens Mr. Jeffries im »Guiness-Buch der Rekorde« mit einer Ohrenlänge von 29,2 Zentimetern geführt wurde. Dessen »Großmutter« war als Werbeträgerin zuvor bereits für die Schuhmarke »Hush Puppies« bekannt geworden. Aber bereits ein Jahr später wurde ein anderer Basset mit 33,2 Zentimetern Ohrenlänge neuer »Rekordhalter«.

Auch hier muss zwingend die Frage nach Zuchtselektionen – auch vor dem Hintergrund von Tiergesundheit – gestellt werden. Dies neben der Frage: »Was bedeutet es für das Kommunikationsrepertoire und Kommunikationsverhalten eines Hundes, wenn dessen Ohrenlänge 20 oder sogar 30 Zentimeter übersteigen?

Und welches Ausdrucksverhalten ist diesen Hunden im Ohrenbereich überhaupt noch möglich? Können diese Tiere anatomisch wegfallende Kommunikationssignale gegebenenfalls durch eine Bündelung von Alternativstrategien in der Kommunikation kompensieren – und wenn ja, wie? Wissenschaftler gehen zwar davon aus, dass Hunde dies über die Kombination von Ausdruckssignalen versuchen. Gleichzeitig bezweifeln die Wissenschaftler aber, dass dies grundsätzlich gelingt, mit der Folge, dass es dann mit anderen Hunden zu Kommunikationsmissverständnissen kommt.

Und wie sieht es aus, wenn die Ohren sogar noch kupiert werden, was eindeutig tierschutzrelevant ist? In der Schweiz, in Deutschland oder England ist das Kupieren von Ohren strikt verboten. Aber in Ländern wie den USA werden Ohren weiterhin in dem Maße gekürzt, dass sie eine dauerhafte Aufrechtstellung einnehmen können. Dies wird bei Rassen wie Deutsche Dogge, Boxer, Mittel- und Zwergschnauzern oder beim Dobermann praktiziert. Und alles wegen fragwürdiger »Exterieur-Ziele«, die für die Tiere äußerst schmerzhaft sind und welches ihr Kommunikationsrepertoire erheblich einschränkt!

9.2.3 Ohrenstellung bei Ortung von Beute

Wie zeigen Hunde uns an, wenn sie Beute aufspüren bzw. diese orten? Dazu ein Beispiel: Auf einem Waldspaziergang nimmt ein Hund Witterung auf, seine Ohren sind vom Ansatz her hochgestellt und zeigen gleichzeitig Richtung Stirn, auf der sich deutliche Längsfalten abzeichnen. Dabei wird die Rute s-förmig waagerecht zum Rücken, je nach Erregungszustand, mal höher und mal tiefer gehalten.

9.2.4 Offensiv-Drohen

Beim Offensiv-Drohen stellen Hunde die Ohren nach oben bzw. drehen sie mit der Öffnung nach vorne. Das Erscheinungsbild des Hundes wirkt somit größer und stärker. *(Feddersen-Petersen, Hallgren, Ohl)*

9.2.5 Freudige Erregung

Ein Hund freut sich jeden Morgen auf ein Vollkornbrot mit Appenzeller Käse. Er sitzt vor dem Frühstückstisch mit hochaufgestellten Ohren, die leicht mit den Ohrenspitzen nach vorne geneigt sind. Die Augen glänzen und fixieren unablässig den Vorgang der Brotzubereitung. Zwischendrin gähnt er, um seine Anspannung auszuhalten.

9.2.6 Spielgesicht

Auch erwachsene Hunde, nicht nur Welpen, können ein sogenanntes »Spielgesicht« zeigen. Dies wird durch angelegte Ohren gezeigt, wodurch sie gleichzeitig auch kleiner wirken. Verstärkt werden kann dieser Effekt außerdem durch eine Unterwerfungsgestik. Dabei zeigen Hunde häufig auch ein entspanntes bis übertriebenes »Maul-Aufreißen«.

9.2.7 Unerwünschtes Beriechen im Ano-Genital-Bereich

Ob ein Alpha-Wolf den Ano-Genital-Bereich einer Fähe »zu früh« kontrolliert, zeigt sich unter anderem daran, dass die Fähe die Ohren zur Kopfmitte zusammenzieht und sich auf ihrer Stirn längsmittig Falten zeigen. Außerdem legt sie die Rute nicht zur Seite.

9.2.8 Unsicherheit, Angst, Unterwerfung – auch nach Maßregelung

Dies zeigt sich auch an nach hinten zurückgelegten Ohren. Übrigens kann ein Hund trotz »Queraufreitens« auf einen anderen Hund über seine »in Dachziegelstellung abgeklappten Ohren« eine relative Unsicherheit zeigen. Welpen zeigen auch über ein »Ohren-Anlegen« deutliche Anzeichen von Unsicherheit an. Dies auch, wenn in ihrem Beisein ein erwachsener Hund einen anderen – ebenfalls adulten – Hund zum Schutz der Welpen maßregelt.

9.2.9 Ohrenstellungen bei medizinischen Behandlungen in Tierarztpraxen

In einer Dissertation im Jahre 2005 stellte A. Roscher die Ergebnisse, die bei medizi-

nischen Behandlungen mit 135 Hunden in standardisierten Testverfahren durchgeführt worden waren, vor. Es ging darum, welche Ohrenstellungen die Hunde je nach ihrer inneren Verfassung und Gestimmtheit bei der Behandlung zeigten.

Bei den meisten Hunden (insgesamt 51,6 %) konnte in dieser Studie das Kommunikationssignal Ohrenstellung für sich selbst allein genommen nicht ausgewertet werden. Allerdings bestand ein signifikanter Unterschied zwischen den Gruppen der als »ängstlich« und der als »entspannt« eingestuften Hunde. In der Gruppe der »ängstlichen« Hunde (G 1) zeigten nur 9,4 % eine entspannte Ohrenstellung, während diese bei der Gruppe der Hunde mit einer Grundentspannungstendenz (G 2) 58,3 % betrug. Demzufolge zeigten Hunde der Gruppe (G 1) zu 23,6 % angelegte und zu 16,0 % aufgerichtete Ohren, während in der Gruppe (G 2) jeweils nur 4,2 % angelegte bzw. aufgerichtete Ohren zeigten.

Ein signifikanter Unterschied aber zeigte sich darin, ob die Untersuchung auf dem Behandlungstisch oder nur im Behandlungsraum als solchem stattfand.

Anteil an Hunden in %	im Raum (a)	auf dem Tisch (b)
Ohren entspannt	19 %	8 %
Ohren angelegt	19 %	53 %

(vergl. Dissertation 2005, A. Roscher, Universität München; Standardisierte Testverfahren mit 135 Hunden)

Die Auseinandersetzung mit dem Kommunikationssignal »Ohrenstellungen von Hunden« bedeutet wie bei jedem anderen Ausdrucksignal auch, dass wir immer wieder auf neue Zusammenhänge treffen können, selbst dann, wenn wir glauben, einen bestimmten Hund gut zu kennen.

FÜR HUNDEFORSCHER:

Versuchen Sie herauszufinden, dies können Sie auch zusammen mit Freunden oder in der Familie tun, wie viele Ohrenstellungen Ihr Hund zeigt. Beobachten Sie bitte außerdem, in welchen Kontexten und in welcher Form dann auch andere Signale des Ausdruckverhaltens jeweils gezeigt werden!

9.3 Das Kommunikationssignal »Schwanzwedeln«

Wenn Hunde mit dem Schwanz wedeln, sind sich viele einig: »Der Hunde freut sich!« Eben längst nicht immer! Denn das Schwanzwedeln von Hunden wird häufig fehlgedeutet! Zunächst einmal wird ein Erregungszustand signalisiert, der verschiedenste Handlungsbereitschaften ankündigen kann. Mitteilungen, die uns Hunde über ihre Rute machen, sind vielfältig und kommen in den verschiedensten Situationen vor. So werden über die Rute Freude, Zuneigung, Imponierbedürfnisse, Beschwichtigung oder Verteidigungsbereitschaft angezeigt. Mit den unterschiedlichsten Haltungen und Bewegungen ihrer Rute zeigen uns Hunde daher auch ihre Gestimmtheit und Stimmungslagen an: dazu gehören eben nicht nur Freude, sondern auch Angst, Unsicherheit, Anspannung, Aggressionen und auch eine mögliche Angriffs- oder Unterwerfungsbereitschaft.

9.3.1 Die Rutenhaltungen von Hunden verstehen

Um Rutenhaltungen detailliert zu verstehen, müssen wir sie zunächst differenziert und kontextbezogen beobachten. Dazu gibt es verschiedene Anhaltspunkte:

- Wird die Rute waagerecht oder nach oben über den Rücken aufgestellt?
- Liegt der Schwanz über dem Rücken im Halbkreis, sozusagen gekringelt?
- Ist die Rute eingezogen, niedrig gehalten beziehungsweise nach unten zwischen den Hinterläufen eingeklemmt?
- Mit welcher Geschwindigkeit und welchem Ausschlag – also welcher Amplitude – zeigt der Hund sein Schwanzwedeln?

Die Intensität des Wedels wiederum hängt vom Grad der Erregung des Tieres ab. So können z. B. Wiedersehensfreude oder das Aufspüren von Beute einen hohen Erregungszustand hervorrufen.

Außerdem glauben Wissenschaftler der Universität Triest nachweisen zu können, dass bei einem Schwanzwedeln nach links oder nach rechts auch eine kognitive bzw. emotionale Zuordnung im Gehirn des Hundes besteht, respektive dabei verknüpft wird; somit also auch in einem neurobiologischen Zusammenhang steht. Wie bei uns Menschen kontrolliert die linke Gehirnhälfte die rechte Körperseite und umgekehrt. Die Triester Wissenschaftler erklären somit, weshalb Hunde beim Anblick von respekteinflößenden Schäferhunden eher minimal nach links wedeln, sie aber eher nach rechts wedeln, wenn sie auf »ihren Menschen zugehen« und diesen begrüßen.

9.3.2 Gibt es überhaupt eine »Normalhaltung« der Rute?

Sofern wir überhaupt von einer Normalhaltung bei der Rutenstellung sprechen können, spielen dabei neben Kontext und Kommunikationssituation auch die Zugehörigkeit zu einer Hunderasse eine Rolle. Während beim Schäferhund oder beim Labrador im Normalstatus die sogenannte S-Haltung gezeigt wird und die Rute meist etwas gebogen nach unten hängt, zeigen Pudel hingegen sehr häufig eine Dauerhochstellung der Rute, quasi wie in einem Imponierzustand. Für andere Rassen ist es wiederum kennzeichnend, dass sie die Rute über dem Rücken gebogen oder gekringelt – kopfüberwärts – tragen. Besonders zu beobachten ist dies bei Spitzen, Nordischen Hunderassen oder dem Chow-Chow.

9.3.4 Rutenhaltung als Ausdruck submissiver Gestik

Möchte ein Hund einem anderen »Kollegen« seine Unterwerfungsbereitschaft oder Demut über submissive Gestik signalisieren, könnte sich dies folgendermaßen darstellen: Seine Gliedmaßen sind eingeknickt, der Schwanz wird sehr niedrig gehalten. Das Schwanzwedeln zeigt eine hohe Frequenz, während die Amplitude eher gering ist.

9.3.5 Imponiergehabe gegenüber anderen Hunden

Während Hunde beim Imponieren die Rute hoch aufgestellt zeigen, ist häufig gleichzeitig eine steifbeinige, fast hölzerne Gangart zu beobachten, wobei die Ohrenbasis nicht selten nach vorne gezogen wird und die Haare aufgestellt sind, während auch der Hals (nicht nur die Rute) steil nach oben gereckt wird. Schnauze und Kopf dagegen werden waagerecht gehalten. Bezeichnend ist, dass der Blickkontakt zum anderen Hund dabei vermieden wird.

Dieses Beispiel zeigt, dass Körpersprache bei Hunden oder auch uns Menschen ganzheitlich ist. Zudem ist Körpersprache auch stets ein seelisch-geistiger Vorgang. Somit spiegeln sich auch unsere Stimmungen und Befindlichkeiten in der Körpersprache wider!

9.3.6 Schwanzwedeln in freudiger Erregung

Nicht nur nordische Hunderassen können die Rute rückwärts über den Rücken stellen, sondern Hunde jeder Rasse, sofern sie kein Stummelschwänzchen haben. Somit können Hunde als eine Besonderheit auch ihre Rute über dem Rücken mit schwungvollen Ausschlägen nach rechts oder links schlendern lassen. Dies ist dann Ausdruck von Lebensfreude und entspannter Selbstsicherheit. Häufig wird diese Körpersprache auch noch durch einen tänzelnden Gang unterstrichen.

Die hundliche Sprache ist äußerst faszinierend, wenn wir beginnen, sie im Detail zu begreifen. Dies geht nur, wenn wir nicht nur etwa Französisch oder Koreanisch als Fremdsprache begreifen, die wir akribisch und detailliert lernen müssen, sondern eben auch die komplexe Sprache der Hunde! Werden wir unser eigener Hundeforscher mit den besten Lehrmeistern an unserer Seite: Mit unseren Hunden! Sie werden uns in der Praxis immer wieder zeigen, wie weit wir in der Hundesprache fortgeschritten sind und was wir noch zu lernen haben.

TEAM-COACHING

TEAM-COACHING ist ja nicht etwa einen Einbahnstraße, wo Menschen allein dem Hund etwas vermitteln, sondern hierbei geht es immer darum, gemeinsam miteinander im Team zu lernen. Und dazu gehört unbedingt auch den Hunden »zuzuhören«, sie ernst zu nehmen und zu begreifen, wie und wann »Hunde uns ihre Welt erklären«!

FÜR HUNDEFORSCHER

Stellen Sie mit Freunden und Bekannten doch einmal fest, welche und wie viele Rutenstellungen Ihr Hund in welchen Kontexten zeigt. Bitte versuchen Sie auch das weitere Ausdrucksverhalten ihres Hundes bei der jeweiligen Veränderung der Rutenhaltung zu beobachten und zu verstehen! Auch hinsichtlich der jeweiligen Amplitude beim Rutenausschlag und der Geschwindigkeit beim Schwanzwedeln!

10 Akustische Kommunikation

KAPITEL 10

Der Vokalisation von Kaniden, wie Wölfen und Hunden, wird gesellschaftlich nur recht eingeschränkt Bedeutung geschenkt. Zudem bleiben die landläufigen Einschätzungen über die Vokalisation von Hunden oft an der Oberfläche oder sind wissenschaftlich unhaltbar. Selbstverständlich ist bekannt, dass Hunde bellen, wuffen oder knurren. Doch das Gesamtrepertoire an Lautäußerungen von Hunden ist wesentlich vielfältiger und kann nur in den jeweiligen Kontexten und gezeigten Nuancen beurteilt werden. Zudem ist die gezeigte Vokalisation, die sich auch in atonale und tonale Lautklassen unterscheidet, meist auch noch von Alter und Rasse eines Hundes abhängig. Sonografische Auswertungen über die Vokalisation von Hunden zeigen, dass die Wissenschaft zu zahlreichen Fragen dieses Bereiches noch ein weites Forschungsfeld vor sich hat.

Wollen wir das Repertoire an Lautäußerungen von Hunden richtig deuten, so müssen wir zunächst Grundzüge aus der Vokalisation der Wölfe, der Vorfahren unserer Hunde, zum Verständnis voranstellen. Grundsätzlich gilt auch bei der akustischen Kommunikation von Wölfen und Hunden, dass diese stets im situativen Kontext und im Zusammenhang mit den anderen gezeigten Kommunikationsformen zu beurteilen sind: Das Ausdrucksverhalten als erste »Sprache« – während die Vokalisation diesem nachgeordnet ist. Von ebenfalls hervorragender Bedeutung ist natürlich ebenso die Olfaktorik – als Sprache und Kommunikation über die Gerüche, wie z. B. über das Markieren eines Territoriums. Hunde und Wölfe kommunizieren – wie ausgeführt – über ein Multi-Kommunikationssystem, bei denen sämtliche Kommunikationskanäle miteinander verknüpft sind. Dazu gehören das Taktile, also das Berühren, das Visuelle, das Akustische oder auch das Riechen, das Olfaktorische.

10.1 Grundzüge aus der akustischen Kommunikation bei Wölfen

Voranzustellen ist, dass Wölfe – ebenso wie Hunde – über ein hochdifferenziertes Vokalisationsrepertoire verfügen. Bei Wölfen unterscheiden wir Grundlautausdrucksformen, wie das Heulen, das Wuffen, das Winseln oder das Knurren, Schreien und Bellen. Dazu kommen Lautäußerungen, die Wölfe nicht durch die Stimmbänder bzw. die Mundhöhle, sondern mit anderen Körperteilen hervorbringen (Erik Zimen). Diese Vokalisationsformen weisen viele, auch individuelle Variationen, Misch- und Übergangslaute auf. Dazu kommen noch graduelle Abstufungen, wie Intervalle und Intervall-Länge oder Frequenzen. Weiterhin unterscheiden

Australische Hochlanddingos auf der Eberhard-Trumler-Station. Sie verfügen über sämtliche Lautklassen und ein breites Spektrum an Lauttypen.

wir tonale Laute, wie z. B. das Knurren von atonalen Lauten, wie z. B. das Fauchen. Aufgabe und Zielsetzung der akustischen Kommunikation bei Wölfen ist sowohl eine erfolgreiche Kommunikation im »Nahbereich« – sprich innerhalb des Rudels – wie auch Informationen über weite Distanzen zu transportieren. Dabei werden außerdem systematische Mehrfachschaltungen von Kommunikationssignalen zu einer »Erfolgsstrategie« zusammengeführt. So kann ein Knurren mit Berührung des Sozialpartners, wie z. B. einem »Ins-Fell-Schnappen«, den Kommunikationserfolg gegenüber einem »einfachen Knurren« steigern. Werden dann etwa noch die Nackenhaare aufgestellt oder die Zähne gebleckt, wird die »Botschaft« noch besser verstanden.

10.2. Lautäußerungen von Wölfen

10.2.1 Das Wolfsheulen

Charakteristisch für das Heulen von Wölfen ist ein langgezogener, sehr melodischer U-Laut. Dieser kommt zustande, wenn die Lippen bei leicht geöffnetem Maul nach vorne gezogen werden, sodass ein Ausblasen der Luft ermöglicht wird. Der Kopf wird dabei meist angehoben, die Ohren sind angelegt. Wölfe heulen einzeln, häufig auch im Chor, wobei dann meist ein Wolf nach dem anderen in den Chor einfällt. Dabei kann eine sogenannte »Heulstrophe« durchaus 20 Sekunden andauern. Weitere »Strophen« folgen oft nach kurzem Einatmen. Das Heulen in Sequenzen kann sich teilweise mit Unterbrechungen über Stunden erstrecken. Ob ein Chorheulen zustande kommt, hängt auch davon ab, ob ein rangniedriger Wolf oder ein ranghöherer mit dem Heulen beginnt. So stimmen Rudelmitglieder seltener in das Heulen eines Rangniedrigeren, sehr viel häufiger aber in das Heulen eines Ranghöheren ein! Nach der festen Überzeugung von Erik Zimen können Wölfe das Heulen einzelner Wölfen nicht nur unterscheiden, sondern das Heulen auch einem jeweiligen Wolf zuordnen. Damit können sie auch feststellen, ob es sich um Wölfe aus dem eigenen oder aus einem fremden Rudel handelt; dies mit weiteren Informationen zum heulenden Wolfsindividuum. Die Funktionen des Wolfsheulens unterscheiden sich partiell auch von denen der Gehege-Wölfe gegenüber denen in der freien Wildbahn.

So wird z. B. bei Trennung von Welpen aus dem Gehege geheult. Aber auch bei adulten Wölfen ist dies zu beobachten. Dabei gilt wiederum: Wenn ein ranghöherer Wolf aus dem Gehege gebracht wird, heult das Rudel häufiger als bei einem rangniederen Wolf. Auch wenn Menschen, wie z. B. Forscher, einem Rudel bekannt sind und von diesem akzeptiert werden, wird regelmäßig geheult. Somit dient das Heulen auch der »sozialen Beziehungspflege«, sowohl unter Wölfen, aber auch in der Kommunikation von Wölfen gegenüber bestimmten Menschen.

10.2.2 Das Winseln

Bei Wölfen gilt das Winseln als häufigste gezeigte Lautäußerung. Es werden dabei leise und recht helle Töne geformt, insbesondere bei leichter Erregung, bei Unzufriedenheit oder Unruhe oder auch im Aufforderungsverhalten. Dies ist auch bei Wolfswelpen der Fall, wenn sie alleine oder hungrig sind oder wenn sie frieren. Bei adulten Tieren wird das Winseln auch als Aufforderung, z. B. im sexuellen Kontext gezeigt, aber auch in vielen anderen sozialen Konstellationen. Meist zeigen es Jüngere oder Rangniedere auch in für Wölfe so charakteristischen Gruppenzeremonien; ebenso bei Einzelbegegnungen mit älteren Wölfen.

Werner Freund mit seinen Polarwölfen.

10.2.3 Das Wuffen

Ein Wuffen kann wie sämtliche andere Lautäußerungen in unterschiedlichster Intensität und Ausführung gezeigt werden; dies folgerichtig mit jeweils unterschiedlichster Botschaft. Als Warnlaut wird ein Wuffen einsilbig eingesetzt, z. B. um das Rudel auch zur Flucht aufzufordern, zumindest aber vor einer Gefahr zu warnen. Wenn Wölfe mit geringer Intensität wuffen, formieren sie vorab einen Laut, der durch ein ruckartiges Luftausblasen durch die Nasenlöcher erzeugt wird. Ist die Intensität höher, kann mehrsilbiges Wuffen auch eine Vorstufe zum Bellen darstellen. Dann stellt es den Grad höchster Erregung dar.

10.2.4 Das Wolfsbellen

Im Vergleich zum Hundebellen ist das Wolfsbellen wesentlich undifferenzierter und wird auch deutlich sparsamer eingesetzt als bei unseren Haushunden. Wenn ältere Wölfe bellen, zeigt dies die höchste »Alarmstufe« an und damit ist meist Gefahr im Verzug. So bellen Wölfe z. B. erregt einen Bären oder einen »rudel-fremden« Wolf an. Zum einen, um den sich nähernden Feind auf Abstand zu halten, zum anderen, damit sich jüngere Wölfe oder Welpen in Sicherheit bringen können. Auch wenn Rudelmitglieder anderen Wölfen bei agonistischen (also kämpferischen) Auseinandersetzungen im Rudel zusehen, zeigen sie zuweilen ein erregtes Bellen.

10.2.5 Knurren

Als Droh-Laut wird das Knurren häufig zusammen mit dem Ausdrucksverhalten des Zähne-Bleckens gezeigt, z. B. um aufdringliches oder belästigendes Verhalten eines anderen zu unterbinden. Geknurrt wird aber auch ohne ein Zähne-Blecken, wie auch Zähne-Blecken umgekehrt ohne Knurren gezeigt werden kann. Nimmt die Intensität aber zu, werden die beiden Informationsträger simultan gezeigt. Das Knurren nimmt graduell hörbar zu, abhängig von der Maulöffnung und davon, wie intensiv die Zähne gebleckt werden. Knurren kann auch ein Protestlaut sein, z. B. bei Distanzunterschreitungen eines rangniedrigeren gegenüber einem ranghöheren Tier. Schließlich können gezeigte Drohungen und Abwehrversuche auch noch eine Steigerung erfahren. Nämlich dann, wenn andere gellende und helle Laute, die in ein Schreien einmünden, dazukommen. Es sind dann Laute der Angst, des Schreckens oder des Schmerzes.

10.2.6 Das Schreien von Wölfen

Dabei ist zu beobachten: Jungwölfe, insbesondere Welpen, schreien häufiger als adulte Wölfe. Sie zeigen es meist beim rauen Spiel oder auch in Form eines geäußerten Schrecklautes. Aber auch erwachsene Tiere schreien: Zum Beispiel, wenn sie durch Schnappen und leichtes, aber unblutiges Zubeißen – hier wird in der Fachsprache von »Verprügeln« gesprochen – eine Gefahr fürchten und sich dagegen verteidigen wollen. Dies gilt ebenso, wenn sie davor fliehen wollen.

Charakteristisch für das Heulen von Wölfen ist ein langgezogener, sehr melodischer U-Laut.

10.3 Die akustische Kommunikation von Hunden

Bei der akustischen Kommunikation von Hunden und Wölfen besteht noch ein hoher Forschungsbedarf. Wohl auch deshalb wird die akustische Kommunikation mit ihrem enormen Lautrepertoire selten differenziert besprochen und wenn überhaupt – selbst unter Hundehaltern – tendenziell eher oberflächlich und mit faktisch wenig profunden Kenntnissen. Es ist selbstverständlich bekannt, dass Hunde knurren, bellen und wuffen, aber weniger bekannt ist, in welchen Kontexten sie dies tun. Noch weniger im Fokus ist, über welchen breitgefächerten Vokalisationshintergrund Hunde – wie auch andere Kaniden – insgesamt verfügen, wie z. B. diverse Lautklassen und Lautvariationen, die auch rassespezifisch, alters- und kontextabhängig sind. (dazu 10.3.1–10.3.6)

Obwohl Hunden unsere menschliche Vokalisation durchaus verständlich ist und Phonetik für ihr Verstehen und Kommunizieren eine hervorragende Rolle spielt, was die meisten Hundehalter längst wissen, ist unsere Gesellschaft noch davon entfernt, »artübergreifende Kommunikation« zwischen Hund und Mensch als Normalität zu begreifen. Das Gehirn eines Hundes, wie auch anderer Säugetiere, entwickelt und strukturiert sich je nach Aufgaben und Ansprache (Manfred Spitzer). Leider wird häufig noch in Abrede gestellt, dass Hunde nicht nur einzelne »Kommandos« wie z. B. »Sitz«, »Komm« oder »Leg ab« verstehen, sondern, dass sie auch kontextbezogen Begriffe, Aufgaben und Inhalte durchaus im Satz begreifen, sofern mit ihnen regelmäßig klar und eindeutig gesprochen wird. So können unsere Hunde Begriffe und Zusammenhänge – selbst bei veränderter Satzstellung – ohne weiteres zuordnen. Die Kognitionsforschung zeigt, wie sehr Hunde diesbezüglich bisher unterschätzt wurden.

So gehen Sabine Schroll und Joël Dehasse zudem davon aus, dass Hunde auch über ein abstraktes wie räumliches Vorstellungsvermögen verfügen.

Es ist daher auch wenig erstaunlich, dass Hunde, wie der Border Collie RICO, der von 1994–2008 lebte, mehr als 250 verschiedene Spielsachen über präzise entsprechende Begriffe unterscheiden konnte, was wissenschaftlich über das Max-Planck-Institut für evolutionäre Anthropologie bei wissenschaftlichen Tests bestätigt wurde. Dabei wurde auch nachgewiesen, dass RICO, über das sogenannte Ausschlussverfahren lernte, (»Fast Mapping«), was zuvor noch nie bei Hunden, sondern nur bei Kindern nachgewiesen werden konnte. Über das Ausschlussverfahren konnte RICO über einen für ihn bis dahin unbekannten Begriff ein neues unbekanntes Spielzeug sofort identifizieren. Bereits 1999 hatte RICO bei Fernsehauftritten, wie z. B. bei »Wetten, dass?« 77 Wörter dem jeweils entsprechenden Spielzeug zuordnen können.

Oder das Beispiel des Border Collies CASEY, der nicht nur hunderte, sondern sogar über zwölfhundert Gegenstände in unsere Sprache exakt unterscheiden kann. Außerdem stimmt CASEY variantenreich mit verschiedensten Heultönen in eine Tornado-Sirene ein, sobald diese ertönt.

Diese Beispiele zeigen wiederum, welch' beeindruckendes Kommunikationsrepertoire Hunde besitzen!

Umso unverständlicher ist, dass sich nur relativ wenige Menschen mit Lautklassen, Phonetik und Ausdrucksverhalten von Hunden oder gar Wölfen beschäftigen – wohl auch, weil sie glauben, dass Hunde »nicht richtig« sprechen können …

Und es zeigt, wie wichtig es ist, Vokalisation und Ausdrucksverhalten von Hunden in der Gesamtschau zu verstehen.

Wie bereits mehrfach ausgeführt: Hunde und Wölfe kommunizieren über ein Multi-Kommunikationssystem, bei dem Auditives, Visuelles, Taktiles und Olfaktorisches uneingeschränkt miteinander zu Bedeutungseinheiten verbunden werden. So werden z. B. bei verschiedenen Formen des Drohens, bei der Begrüßung oder auch in submissiven Kontexten, Signale aus dem Ausdrucksverhalten wie auch Elemente aus der akustischen Kommunikation variantenreich eingesetzt. Wichtig ist dabei, dass sowohl beim »Sender« wie auch beim »Empfänger« die Signaleinheiten dieselbe Bedeutung haben. Um in die Welt der differenzierten Vokalisation einzutreten, benötigen wir verschiedenste Kenntnisse.

10.3.1 Lautklassen und Lauttypen von Hunden

Wir unterscheiden dabei sieben Lautklassen:

1. **Bell-Laute:** Diese zeigen das Spektrum von Spielbellen oder Infantilbellen, einem »atonalem Bellen« oder einem Bellen mit »Wa-Lauten«. Weitere Unterscheidungskriterien finden sich zudem über ein Spielaufforderungsbellen, tonales und atonales Spielbellen sowie über ein Drohbellen, wie wir es beim Großpudel beobachten können.

2. **Muck-Laute:** Muck-Laute sind z. B. ein Mucken oder Prusten.

3. **Knurr-Laute:** Diese zeigen sich über Knurren, Murren und auch ein Knurrfauchen.

4. **Schrei-Laute:** Bei den Schrei-Lauten ist eine große Vielfalt an Variationen – die auch insbesondere von der Hundepersönlichkeit abhängt – zu beobachten.

5. **Mau-Laute:** Mau-Laute zeigen sich z. B. über ein »Maunzen und andere Mau-Laute«.

6. **Winsel-Laute:** Neben Winseln wird auch ein Fiepen und Heulen gezeigt.

7. **Quärr-Laute:** Hierzu gehören das Quärren und Brummen
(D.Feddersen-Petersen)

Als weitere Lauttypen werden in der Fachliteratur Laute beschrieben, wie z. B. ein »kehliges Gurgeln«, das »Keifen« oder auch das Quengeln.

10.3.2 Tonale, atonale oder tonal-atonale Lautformen

1. Zur Kategorie der tonalen Lautformen gehören das Quengeln, Winseln, Fiepen, das Mucken, Quärren oder Infantil-Bellen oder auch das Schreien.

2. Atonale Lautformen: Hierunter fallen das Wuffen, Fauchen oder Keifen.

3. Zur Gruppe der wechselnd tonalen oder auch atonalen Lautformen gehören das Bellen, Knurren oder Murren, und zwar in wechselnder Form, einmal atonal und dann wiederum tonal.

10.3.3 Bedeutung von Lautvariationen

Die Deutung von Lautvariationen bei Hunden und Wölfen ist eine hochkomplexe, vor allem situationsspezifische Angelegenheit. Dabei geht es auch um Lautlängen und/oder auch um tonale und/oder atonale Sequenzen. Außerdem handelt es sich häufig um vielfältige Lautüberlagerungen oder um Wechsellaute. Allein bei der Vielzahl von Bellelementen, die verschiedene Rassen und Hundeindividuen zeigen, stellen wir viele polyphone Lautsequenzen fest. Wie also sollen wir dies alles richtig deuten?

Nehmen wir einmal das tonale Bellen z. B. bei Schäferhunden in den Fokus. Wissenschaftlich gesehen steht Tonalität bei Hunden, Wölfen oder anderen Säugetieren für eine freundliche, nicht-aggressive insgesamt spielerische Ausdrucksform, die auch beschwichtigenden bis hin zum submissiven Charakter haben kann. Mit steigender Frequenz bei der Tonalität kann sowohl eine zunehmende Unsicherheit als aber auch Freundlichkeit verbunden sein. Wird hingegen ein atonales Bellen gezeigt, so handelt es sich oft um ein Verbellen. Dies insbesondere dann, wenn aus Sicht der Hunde Störungen eintreten und auch beim Auftauchen von »Störenfrieden«. Grundsätzlich ist ein abrupter Wechsel von tonalen zu atonalen Lautäußerungen ein Hinweis auf eine veränderte emotionale Lage oder Motivation eines Hundes. Außerdem können auch Angriffsbereitschaft, eine Distanzvergrößerung oder auch Distanzverkleinerung, aber auch Rückzugsabsichten eine Rolle spielen. Dazu gesellen sich häufig Mischlaute, die ambivalente Stimmungen, auch Missbehagen oder veränderte Motivationslagen ausdrücken können. *(zur Bioakustik von Kaniden: R. M. Schassburger, G. Tembrock, D. Feddersen-Petersen u.a.)*

Der wissenschaftliche Aufwand, um Belltypologien und Bellvarianten einordnen zu können, ist immens. Nicht selten werden dabei über zweitausend Bellelemente und mehr untersucht. Wie ausgeführt, treten viele der genannten Laute als Mischlaute mit diversen phonetischen Eigenschaften oder als Kombination von Lauteinheiten mit einem Wechsel von Atonalität zu Tonalität auf. Daneben können auch verschiedene Lauttypen in einer Lautsequenz erzeugt werden. Eine Lautsequenz kann aus nur einem Lauttypus oder aus mehreren Lauttypen bestehen. Auch Lautlänge und Lautfrequenz variieren, sind z.B. abhängig vom Erregungszustand des Tieres. Je stärker die emotionale Erregung, desto schneller und kürzer treten die Laute im Allgemeinen auf. Dies auch im Zusammenspiel mit einer beschleunigten Atmung.

Keine Trennung von Vokalisation und Ausdrucksverhalten

Hervorzuheben ist, dass bei derzeitigen wissenschaftlichen Untersuchungen, die Trennung des Ausdrucksverhaltens eines Hundes und seiner verschiedenen Lautklassen nach wie vor praktiziert wird. Dies in einer Form, wie es seit etwa 40 Jahren auch bei anderen Säugetieren erforscht wird. Inzwischen muss diese Trennung als äußerst problematisch angesehen werden. Denn Ausdrucksverhalten und Vokalisation gehören zusammen. Bereits der subjektive Anteil bei der Wahrnehmung, durch die jeweils die Sonographie auswertende Person, darf nicht unterschätzt werden.

10.3.4 Lautformen und Lebensalter

Einige Lautformen sind auch mit dem Lebensalter von Hunden verknüpft. Typische Infantil-Laute sind das Infantil-Bellen, das Mucken und das Quärren oder auch das Brummen. Diese Lautformen werden je nach Rasse von der ersten Woche bis zur fünften und sechsten Woche, wie etwa beim Bullterrier oder beim Weimaraner gezeigt. Das Mucken beim Alaskan Malamute verläuft sogar bis zum Ende der siebten Lebenswoche. Hingegen zu den beständig wiederkehrenden also persistierenden Lautformen zählen das Wuffen, Winseln, Fauchen oder Knurren. Die Lautformen und das Lautrepertoire sind dabei nicht homogen. Am Beispiel verschiedener Hunderassen soll dargestellt werden, dass auch innerhalb der Lauttypologien durchaus eine hohe rassespezifische Varianz (Vielfalt) besteht. Als Laut-Typ soll das Bellen herangezogen werden. Viele Hunderassen verfügen über jeweils sechs Belltypen. Davon sind meist drei tonal und ebenfalls drei atonal. Mit Fortschreiten der Sozialisierungsphase gestalten sich Belltypologien zunehmend dif-

ferenzierter und haben einen wachsenden Sozialkontextbezug. Dies gilt sowohl für die Belläußerungen wie auch für die Beantwortung auf das vernommene Bellen durch andere Hunde. Während bei wissenschaftlichen sonographischen Analysen beim Alaskan Malamute lediglich zwei verschiedene Belltypologien herausgefunden wurden, zeigten Schäferhunde und Großpudel sechs Varianten, der Kleine Münsterländer fünf Belltypologien. Beim Bullterrier konnten sogar bis zu 12! Varianten nachgewiesen werden. *(F. Ohl, I. Dürre, K. Umlauf)*

Bell-Laute variieren wie ausgeführt nicht nur von Rasse zu Rasse, sondern sind auch vom Lebensalter eines Hundes abhängig. So wird das Infantil-Bellen je nach Rasse bis zur fünften Woche, wie z. B. beim Bullterrier und Kleinem Münsterländer gezeigt, oder auch sogar bis zur achten Lebenswoche, wie beim Weimaraner. Ein Spielaufforderungsbellen und auch ein Spielbellen zeigen der Kleine Münsterländer etwa ab der dritten Lebenswoche, wohingegen er das Verbellen erst zwischen dem vierten und fünften Lebensmonat zeigt. Andere Lautäußerungen treten bei vielen Hunderassen bereits ab der ersten Lebenswoche auf, so z. B. das Winseln, das Fiepen, das Murren oder auch das Schreien beim Bullterrier. Ebenso verhält es sich bei jungen Wölfen. Auch Knurr-Laute werden sowohl beim Wolf wie auch beim Bullterrier oder dem Kleinen Münsterländer ab der ersten Lebenswoche geäußert.

Interessant ist, dass junge Wölfe mit dem Heulen erst in der fünften Lebenswoche beginnen, hingegen der Alaskan Malamute und auch der Weimaraner schon in der zweiten Woche damit beginnen. Der Kleine Münsterländer folgt damit etwas später, nämlich erst in der dritten Lebenswoche *(D. Feddersen-Petersen)*.

10.3.5 Rassespezifisches Lautrepertoire

Das emittierte (ausgesandte) Lautrepertoire zeigt bei der Häufigkeit von Lautäußerungen – deutliche rassespezifische Unterschiede. Hinzu kommt, dass jede Hundepersönlichkeit – gleich welcher Rasse sie angehört – ein individuelles Spektrum bei der eigenen Vokalisation zeigt. Diese hängt z. B. mit der Individualontogenese, dem jeweiligen Lebenskontext oder mit den verschiedenen Erfahrungen und Umwelteinflüssen – neben der genetischen Ausstattung des Tieres – zusammen. Somit zeigen die Untersuchungsergebnisse bei verschiedenen Rassen erhebliche Unterschiede.

Während beim Kleinen Münsterländer bei Untersuchungen 26,6 % der emittierten Laute auf das Winseln fallen, sind es beim Bullterrier nur 9,1 %. Das Fauchen wurde beim Bullterrier mit einem Anteil von 13,8 %, das Keifen mit 6,8 %, das Quengeln mit 3,5 %, das Mucken mit 6,2 % registriert. Diese ersten drei Lauttypen zeigte der Kleine Münsterländer hingegen überhaupt nicht; das Mucken zeigte er nur zu einem 0,1 %-tigen Anteil. Allerdings hat der Kleine Münsterländer zu 4,3 % das Maunzen in seinem Repertoire, welches den Bullterriern wiederum weitgehend fehlt. Obgleich bei Bullterriern die höchste Varianz an Bell-Lauten nachgewiesen wurde, kommen Bell-Laute in ihrem Lautäußerungsrepertoire nur zu einem 7,3 %-Anteil und das Wuffen mit einem 7,2 %-Anteil vor, während »Kleine Münsterländer« 16,3 % Bell-Laut-Anteile und 0,2 % Wuff-Laut-Anteile zeigen *(D. Feddersen-Petersen)*.

10.3.6 Lautäußerungen und Beziehungskontext

Bestimmte Lautäußerungen können mehrheitlich an einen Sozialpartner gerichtet sein, andere aber wiederum können vornehmlich ohne Bezug zu einem Sozialpartner gezeigt werden. Während das Knurren, Bellen, Maunzen, Schreien und Fiepen meist an einen Sozialpartner gerichtet wird, auch um Reaktionen auszulösen, sind das Heulen, Mucken oder Quärren, ein »kehliges Gurgeln« oder Murren meist nicht an einen Sozialpartner adressiert. Im interaktiven Kommunikationsprozess wird natürlich auch auf das Heulen eines Hundes durch andere Hunde reagiert, wie auch ein Fiepen oder Bellen eine Reaktion auf ein gehörtes »kehliges Gurgeln« oder Maunzen sein kann. Damit entsteht eine Eigendynamik im Kommunikationsprozess.

Wie mehrfach ausgeführt, verfügen Hunde über ein hochkomplexes Kommunikationssystem, bei dem alle Wahrnehmungskanäle miteinander vernetzt sind. Deshalb werden zu den gezeigten Lautäußerungen auch gezielt diverse Ausdrucksformen im Kommunikationsprozess erprobt und eingesetzt. Dies um bestimmte Ziele zu erreichen oder auch um Konflikte abzuwenden. So können zur akustischen Kommunikation auch Berührungen (also Taktiles) neben anderen Ausdruckssignalen, wie z. B. die Nackenhaare-Aufstellen, gezeigt werden. Bisherige Erfolge oder Misserfolge von gezeigtem Kommunikationsverhalten finden in weiteren Kontexten als Lernerfahrung Berücksichtigung. Komplexes Kommunikationsverhalten wird auch gezielt eingesetzt, um die Ausdruckswirkung zu steigern.

Auch bei Wölfen ist dies mannigfaltig zu beobachten, z. B. wenn sie beim Gähnen – als Ausdruck des Komfortverhaltens – klanghafte Kurzlaute bei geöffnetem Fang emittieren.

Sollte nun immer noch die Frage im Raum stehen, ob Hunde und Wölfe »wirklich sprechen können«, dann sei gesagt: »Ja, so hochdifferenziert, dass es uns als Menschen selbst mit ausgefeilter Technik nach wie vor kaum gelingt, deren Lautäußerungsrepertoire exakt zu decodieren!«

FAZIT UND AUSBLICK:

Die bisherigen Beiträge über das Kommunikationsverhalten von Hunden und auch von Wölfen zeigen uns eine hochkomplexe und spannende Welt, in der Hunde und Wölfe, aber auch andere Kaniden leben!

Gleichzeitig zeigt es auch, dass wir als Menschen erst langsam beginnen, in diese Welt als Randbeobachter einzutauchen und sie erst nach und nach besser verstehen lernen. Selbst mit unserer präzisen hochentwickelten Technik gelingt es uns noch nicht, alle Geheimnisse um die Welt der Hunde zu lüften, sei es bei ihrer Vokalisation, dem Ausdrucksverhalten oder ihren Fähigkeiten von Präkognitions-Leistungen. Nicht wenige Forscher halten die Symbiose zwischen Mensch und Hund für eine oder sogar die größte kulturelle Leistung des Menschen, wenn sie denn gelingt!

Auch Eberhard Trumler betonte stets die Fähigkeit von Hunden, Menschen zu verstehen. Trumler meinte sogar, häufig verstehen Hunde uns Menschen sogar schneller und besser als wir uns selbst! Zudem sind Hunde Meister der Konfliktlösung. Dass im Zusammenleben mit unseren Hunden statistisch gesehen sehr wenig passiert, auch im Verhältnis zur Kriminalstatistik bei menschlichen Verbrechen, kann nicht genug hervorgehoben werden!

Es ist unstrittig, dass die menschliche Gewaltbereitschaft exorbitant höher ist als die der Hunde. Somit ist es insbesondere deren Verdienst, dass es relativ selten zu Beißvorfällen kommt. Denn auch bei der Aggressionskontrolle sind Hunde der menschlichen Spezies überlegen.

Aber auch Hunde können nicht alle menschlichen Fehler kompensieren! Wir als »Zweibeiner« haben die Chance, aber auch die Pflicht, uns jeden Tag ein wenig mehr als Sozialpartner für unsere Hunde zu qualifizieren.
Ergreifen wir diese Chance!
Lernen wir mit unseren Hunden gemeinsam als Team!
Und erfreuen wir uns am Glück, unser Leben mit Hunden teilen zu dürfen!

11

Team-Beziehungen Mensch-Hund – aus Expertensicht

KAPITEL 11

An dieser Stelle sollen Einschätzungen und Betrachtungen zu Mensch-Hund-Beziehungen aus Expertensicht vorgestellt werden.

Dazu wurden von der Autorin verschiedene Interviews mit einem Tierarzt, einem Rechtsanwalt mit dem Arbeitsschwerpunkt Tierrecht, einem Zermatter Lawinenhundeführer sowie einem Polizeihauptkommissar und Vorsitzenden eines Tierschutzvereins geführt.

Außerdem wird ein Begleitwort eines VDH-Landesvorsitzenden zum Thema vorgestellt.

11.1 Im Gespräch mit dem Tierarzt Dr. med. vet. Volker Finkenauer

DR. MED. VET. VOLKER FINKENAUER

Dr. med. vet. Volker Finkenauer, Jahrgang 1966, studierte von 1988–1993 Veterinärmedizin an der Justus-Liebig-Universität Gießen; Promotion im Jahre 2004. Seit 1996 ist er selbständiger Tierarzt mit eigener Praxis im rheinhessischen Armsheim mit den Tätigkeitsschwerpunkten: Allgemeinmedizinische Betreuung von Hunden und Katzen.

Interview geführt von Barbara Wardeck-Mohr

1. Sie erleben in Ihrer Berufspraxis regelmäßig die Folgen von Mensch-Hund-Beziehungen – insbesondere bei den Hunden. Dies im guten wie im schlechten Sinne. Wie viele Mensch-Hund-Teams (prozentual), die zu Ihnen kommen, sind wirklich ein vorbildliches Team hinsichtlich einer erfolgreichen artübergreifenden Kommunikation?

Dr. med. vet. Volker Finkenauer
Hier muss ich die Situation, wie sie sich heute darstellt, einmal loben. Weit über neunzig Prozent der Mensch-Hunde-Beziehungen funktionieren nach meiner Einschätzung sehr gut. Das liegt zum einen an einer besseren Ausbildung vieler Hunde und Hundehalter als früher. Gleichzeitig hat es aber auch den Grund, dass Mensch und Hund entwicklungsgeschichtlich einfach gut zusammenpassen.

2. In wie vielen Fällen (%-Anteile) ist die Beziehung kritisch?

Dr. med. vet. Volker Finkenauer
Es gibt leider Fälle im einstelligen Prozentbereich, wo die Beziehung kritisch ist. Die Ursachen können unterschiedlich sein, die Auswirkung ist immer ein Fehlverhalten des Hundes.

3. Wie oft müssen oder mussten Sie bereits einschreiten – oder gar die Ordnungsbehörden zur Konfiszierung eines Hundes aus schlechter Haltung einschalten?

Dr. med. vet. Volker Finkenauer
Als praktizierender Tierarzt bekomme ich ein »vorselektiertes« Patientengut zu Gesicht: Wer sein Tier zur Behandlung oder Vorsorge vorstellt, wird es im Allgemeinen nicht verwahrlosen lassen; insofern kann ich eine geringe Dunkelziffer nur schätzen. Interessanterweise bedeutet materielle Armut des Besitzers nicht zwingend auf ein unglückliches oder gestörtes Tier. Darum werden zu Recht selten Hunde konfisziert.

Bitte könnten Sie auch zwei Fallbeispiele a) für vorbildliche und b) auch unverantwortliche Hundehaltung anführen, die Sie in Ihrer Praxis erleben?

Dr. med. vet. Volker Finkenauer
Beispiel a)
In meinen Augen vorbildlich ist die Hundehaltung bereits, wo der Hund in der Familie lebt, ausgebildet und richtig versorgt wird. Dies ist heutzutage eigentlich schon Standard, war es aber vor dreißig bis vierzig Jahren keineswegs der Fall.

Beispiel b)
Ein Beispiel für unverantwortliche Haltung erlebte ich vor einigen Jahren bei einem Rinderhalter: Der Hund – dummerweise ein Pitbull-Terrier – war ein Ketten- und Hofhund und drohte, jeden Besucher zu zerfleischen. Daraufhin schrie irgendein Familienmitglied den Hund zusammen, der entsetzt in die Hütte sprang. Die Familie hält heute gar keine Tiere mehr.

Ein Lehrerehepaar – moderne Pädagogen – hielt grundsätzlich Rottweiler. Die »Erziehung« erfolgte nach »demokratischen« Prinzipien. Die Frau wurde von ihrem Hund gestellt, gebissen und konnte sich nicht mehr mit ihrem eigenen Hund in einem Raum aufhalten.

4. Was sind die häufigsten (auch vermeidbaren) Fehler im Umgang mit Hunden, die oft zu Problemen wie Verhaltensauffälligkeiten des Tieres führen können?

Dr. med. vet. Volker Finkenauer
Ein häufig begangener Fehler ist, den Hund (zu sehr) zu vermenschlichen: Ich möchte keine Vorschriften, also muss ich mit meinem Hund diskutieren. Ich habe Appetit,

also muss mein Hund jetzt essen. Mein Hund knurrt, also muss ich ihn beruhigen und unbewusst seine Angst verstärken.

5. Als engagierter Tierarzt ist es sicherlich auch eines Ihrer Anliegen, für Hunde und eine artgerechte Hundehaltung einzutreten. Was würden Sie sich wünschen – was fordern Sie?

Dr. med. vet. Volker Finkenauer
Im Großen und Ganzen ist sowohl die gesetzliche Seite als auch der Kenntnisstand über artgerechte Hundehaltung in der Öffentlichkeit sehr weit entwickelt. Offensichtliche Missstände sind eher marginal: Milieus, in denen die Besitzer sich über ihren Hund und dessen Aggressivität definieren, und z. B. Menschen, die in ihrer »Tierliebe« über das Ziel hinausschießen und Hunde »sammeln«. All das ist aber mit derzeitigen Möglichkeiten zu regeln.

6. Wo stehen wir derzeit in der Gesellschaft, sei es bei Haltung und Ausbildung von Hunden oder darin, ihnen gegenüber faire und kompetente Sozialpartner zu sein?

Dr. med. vet. Volker Finkenauer
Als Gesellschaft haben wir eine sehr weit entwickelte Sensibilität für Haltung, Schutz und auch Ausbildung von Hunden erreicht. Das beweist schon ein Blick in das Fernsehprogramm. Hoffentlich halten wir das auch durch, wenn der Wind in der Wirtschaft wieder rauer weht. Mancherorts ist sogar das Mitgefühl für den Hund größer als für den Menschen: Es gab Fälle, wo für Katastrophenfamilien zwar das Veterinäramt, nicht jedoch das Jugendamt eingeschaltet wurde.

7. Wie würden Sie ein »erfolgreiches Mensch-Hund-Team« beschreiben, wo beide ihrer Art entsprechend glücklich sind?

Dr. med. vet. Volker Finkenauer
Mensch und Hund verbringen viel Zeit miteinander. Der Mensch lebt mit seinem Hund, der Hund lebt für sein Herrchen. Das kann sowohl der Tippelbruder als auch der Crossläufer als auch die Rentnerin realisieren.

8. Worin liegen die größten Chancen, aber auch Pflichten seitens von uns Menschen, so dass zwischen Mensch und Hund überhaupt ein erfolgreiches Team entstehen kann?

Dr. med. vet. Volker Finkenauer
Dazu ist sicher Information über die Kommunikation der Hunde wichtig, aber auch einfach Sensibilität, geistige Offenheit nötig; kurz: Instinkt.

9. Was fasziniert Sie selbst an Hunden?

Dr. med. vet. Volker Finkenauer
Der Hund ist ein »Familienmensch«. Er hält das Rudel zusammen und integriert alle – sogar die Katze.

10. Was würden Sie von sich selbst im Team mit einem Hund verlangen, um dem Hund gerecht zu werden?

Dr. med. vet. Volker Finkenauer
Vor allem eines: Zeit.

11. Wie beurteilen Sie die gesundheitlichen Folgen bei Hunden aufgrund von Zuchtstandards insbesondere nach Exterieur-Aspekten?

Dr. med. vet. Volker Finkenauer
Jede unserer zahlreichen Hunderassen ist ein Kulturgut und hat ihre Liebhaber. Die meisten Rassen entstanden allerdings, als das Wissen über Physiologie und Genetik der Erbkrankheiten noch sehr gering war. Tatsächlich sind die Kaiserschnittquote und auch einige andere Probleme bei kurzschädeligen Rassen überproportional. Aber Hundezucht ist ja keine Sackgasse. Dafür ist gerade die HD-Bekämpfung beim Schäferhund ein »Erfolgsmodell«. In der Hand von verantwortungsbewussten Zuchtverbänden ist mit der Zucht auf Gesundheit ein sehr begrüßenswerter Weg begangen worden. Außerdem »explodiert« derzeit auch das Wissen um die genetischen Eigenschaften von Krankheiten und ihre Diagnostik. Das lässt für die Zukunft hoffen.

12. In der Hundehaltung – angefangen bei Zucht und Ausbildung – tragen wir als Menschen eine große Verantwortung, damit es Hunden mit uns gut geht. Daher aus tierärztlicher Sicht: Wäre ein Heimtierzuchtgesetz nicht längst überfällig, wo die Gesundheit und auch ein »solides Nervenkostüm« bei Hunden Vorrang vor Modetrends – sei es bei Fellfarben oder sonstigen Zuchtstandards – haben?

Dr. med. vet. Volker Finkenauer
Der rechtliche Ist-Zustand in unserem Lande hat ein beachtliches Niveau erreicht: Seit einigen Jahren ist der Tierschutz sogar Verfassungsziel! Unser Tierschutzgesetz, das sicher Vorbild für die meisten Staaten sein kann, wird durchschnittlich alle vier Jahre novelliert. In den »80er-Jahren« sind viele Verbände »Sturm gelaufen«, als das Kupierverbot kam. Sie mussten sich beugen. Geht doch! Die zahlreichen Verordnungen zur Tierhaltung regeln ebenfalls sehr vieles. Hinzu kommt noch die Macht der Medien. Mit diesem Instrumentarium lassen sich auch heute Qualzuchten verhindern. Ein Gesetz mehr verhindert sicher nicht, dass aus Ahnungslosigkeit in irgendeinem Hinterhof Unfug getrieben wird.

Haben Sie sonstige Anregungen für ein glückliches Mensch-Hund-Gespann im Sinne der biologischen Ausstattung beider Arten?

Dr. med. vet. Volker Finkenauer
Ja. Manchmal ist besser, nicht zu viel zu denken, sondern einfach mal mit dem Hund zu spielen, durch das Gelände zu streifen …

11.2 Begleitwort zum Thema Mensch-Hund-Beziehung des VDH Landesverbandes Hessen

Dazu führt Reinhard Jakob, der 1. Vorsitzende des VDH-Landesverbandes Hessen, aus:

Viele neue Hundebesitzer und die es werden wollen, bedenken oft nicht, dass die Unterbringung des Hundes seinen Bedürfnissen und den rassetypischen Eigenschaften angepasst sein muss. Konsequente, hundeverständliche Erziehung und Sozialisierung gehören zur artgerechten Haltung. Auch die regelmäßige Körperpflege des Hundes dient nicht nur der Hygiene, sondern festigt auch die soziale Bindung zwischen Mensch und Hund. Mit dem Wunsch nach einem Hund beginnt ein aufregender neuer Abschnitt. Der Hund ist so eng mit dem Menschen verbunden, wie kein anderes Tier. Er ist ein Familienmitglied. Man sollte kritisch prüfen, ob alle Voraussetzungen gegeben sind.

Der Hund wird uns über viele Jahre begleiten und eng ans Herz wachsen. Er wird eine wichtige Rolle in unserem Leben spielen.

Der VDH und seine Mitgliedsvereine fördern die Mensch-Hund-Beziehung zum Wohle der Gesellschaft.

Reinhard Jakob
VDH Landesverband Hessen

LARS-JÜRGEN WEIDEMANN

11.3 Barbara Wardeck-Mohr im Gespräch mit Rechtsanwalt Lars-Jürgen Weidemann

Der Rechtsanwalt Lars-Jürgen Weidemann ist Partner der Anwaltskanzlei Sieger, Weidemann und Laakes in Mülheim an der Ruhr. Seine Arbeitsschwerpunkte sind unter anderem rechtliche Fragen zur Hundehaltung, zum Tierschutz- und Vereinsrecht.

1. Herr Weidemann, Sie erleben in Ihrer Berufspraxis als Anwalt regelmäßig auch Rechtsstreitigkeiten zwischen Hundehalten, den Ordnungsbehörden und Bürgern: Worum geht es insbesondere dabei – vielleicht können Sie bitte auch ein bis zwei Fallbeispiele kurz dazu anführen?

Lars-Jürgen Weidemann
Bei Streitigkeiten unmittelbar zwischen Hundehaltern geht es in aller Regel um Schadensersatz und gegebenenfalls auch um Schmerzensgeld, wenn es zu Beißereien zwischen Hunden kommt, anlässlich derer auch einer oder beide Hundehalter verletzt werden. Wohl am häufigsten sind insofern Sachverhalte, in denen unangeleinte Hunde sich auf angeleint geführte Hunde stürzen und der Führer des angeleinten Hundes dann krampfhaft versucht, den Angriff abzuwehren. Streitigkeiten zwischen Ordnungsbehörden und Hundehaltern betreffen meistens Verstöße gegen bestehende Leinenzwänge oder solche gegen andere behördliche Anordnungen. Ferner wird oft über die Einstufung von Hunden als »gefährlich« gestritten, sei es nun aufgrund der Rasse oder wegen eines Verhaltens des Hundes im Einzelfall (Biss, Anspringen etc.).

2. Was sind die häufigsten (auch vermeidbaren) Fehler im Umgang mit Hunden, die oft zu Rechtsstreitigkeiten führen?

Lars-Jürgen Weidemann
Das Nichtbeachten von bestehenden Leinenzwängen sowie fehlende Sachkunde bei der Beurteilung des Verhaltens des eigenen Hundes sind oft Anlass für Vorfälle, die zu Rechtsstreitigkeiten führen.

3. Als 2. Vorsitzender von Hund und Halter e.V. ist es sicherlich eines Ihrer Anliegen für Hunde und eine artgerechte Hundehaltung einzutreten. Wo stehen wir derzeit in der Gesellschaft, sei es bei Haltung und Ausbildung von Hunden oder darin, ihnen gegenüber faire und kompetente Sozialpartner zu sein?

Lars-Jürgen Weidemann
Sicherlich stehen wir heute besser da als noch vor fünfzehn oder zwanzig Jahren mit recht antiquierten Ausbildungsmethoden. Viele Hundehalter befassen sich mittlerweile deutlich mehr mit der Frage, wie sie aus ihrem Hund einen sozial verträglichen Partner machen, den sie de facto überall hin mitnehmen können. Hundeschulen und -trainer gibt es wie Sand am Meer und auch über Bücher, Zeitschriften und auch das Internet bestehen heute Möglichkeiten, sich (fort-)zubilden, die es früher so nicht gab.

Allerdings gibt es auch noch viele Verbesserungsmöglichkeiten, da es beispielsweise keine verlässlichen Qualitätsstandards bei Hundetrainern oder deren »Ausbildung« gibt und im Prinzip jedermann eine Hundeschule eröffnen kann.

4. Wie würden Sie ein »erfolgreiches Mensch-Hund-Team« beschreiben, wo beide ihrer Art entsprechend glücklich sind?

Lars-Jürgen Weidemann
Ein erfolgreiches »Mensch-Hund-Team« beginnt meines Erachtens schon mit der Wahl des »passenden« Hundes. Für einen vollständig unsportlichen und trägen Zeitgenossen ist beispielsweise ein Husky nicht unbedingt der richtige Hund.
Ein Langstreckenläufer hingegen, der den Hund zum Laufen mitnehmen will, ist mit einem Mops höchstwahrscheinlich ebenfalls nicht gut beraten.

Wenn ich sodann den für mich »richtigen« Hund gefunden habe, der natürlich auch ohne weiteres ein Mischling aus dem Tierheim sein kann, muss ich in der Lage sein, die Bedürfnisse des Hundes zu befriedigen, welche die Art oder auch die Rasse – sowie das Alter und der Gesundheitszustand – des Hundes mit sich bringen. Denn nur ein ausreichend ausgelasteter Hund ist auch ein glücklicher Hund. Ferner muss natürlich eine Vertrauensbeziehung aufgebaut werden, was eine gewisse Zeit in Anspruch nimmt.

5. Worin liegen die größten Chancen, aber auch Pflichten seitens uns Menschen, dass zwischen Mensch und Hund überhaupt ein erfolgreiches Team entstehen kann?

Lars-Jürgen Weidemann
Ich muss mich als Hundehalter mit dem Mitgeschöpf »Hund« befassen. Ich muss wissen, warum Hunde in bestimmten Situationen so und nicht anders reagieren. Unterlasse ich dies, ist eine vernünftige Hundehaltung meines Erachtens kaum möglich. Komme ich dem nach, werde ich einen treuen und zuverlässigen Partner haben.

6. Was fasziniert Sie selbst an Hunden?

Lars-Jürgen Weidemann
Das kann ich so pauschal schlecht beantworten; grundsätzlich gesagt wohl ihre bedingungslose Treue und Hingabe, wenn sie sich einmal für ihren Halter entschieden haben. Ansonsten begeistert

mich bei manchen Rassen oder Typen von Hunden ihre Eleganz, bei anderen ihre Kraft und ihr Leistungsvermögen, bei wieder anderen ihre Intelligenz.

Miteinander spielenden Hunden kann ich im Übrigen stundenlang mit zunehmender Begeisterung zuschauen.

7. Wie würden Sie sich selbst im Team mit Ihrem Hund beschreiben?

Lars-Jürgen Weidemann
Das ist im Moment schwierig, da wir unsere Hündin nach dem Versterben unserer »alten« Hündin erst seit etwa zwei Monaten bei uns haben. Von einem Bullterrier auf einen Galgo »umzusteigen«, ist jedenfalls eine spannende Angelegenheit und durchaus eine Herausforderung. Allerdings würde ich meinen, für die kurze Zeit sind wir schon ein ganz ordentliches Team.

8. Wir haben nicht nur in Deutschland – ebenso auch in Österreichischen Bundesländern oder Schweizer Kantonen – einen fast undurchschaubaren Dschungel an Hundeverordnungen, Hundegesetzgebungen oder Ausführungsverordnungen. Was bringen all diese Vorschriften – vor allem für Hund und Halter?

Lars-Jürgen Weidemann
Soweit in diesen Regelwerken bestimmte Hunderassen Anknüpfungspunkt für ein bestimmtes Haltungsregime sind, bringen diese Regelungen meines Erachtens nichts. Es gibt keine per se gefährlichen Hunderassen. Wenn indes grundsätzlich Anforderungen an die Sachkunde von Hundehaltern gestellt, die Kennzeichnung mit Mikrochips oder der Abschluss einer Tierhalterhaftpflichtversicherung verlangt wird, so halte ich dies für sinnvoll.

9. Führt diese Vielzahl an Rechtsvorschriften etwa zu einer besseren artgerechten Hundehaltung oder werden hierdurch gar Beißvorfälle verhindert?

Lars-Jürgen Weidemann
Rasselisten verhindern sicherlich keine Beißvorfälle. Sachkunde beim Hundehalter hingegen schon.

10. Zum Sinn oder Unsinn dieser Vorschriften: Auf was könnten wir gut verzichten und wo wären aber aus Ihrer Sicht weitere gesetzliche Auflagen, wie z. B. etwa ein Heimtier-Zuchtgesetz, dringend erforderlich?

Lars-Jürgen Weidemann
Wie bereits gesagt: Rasselisten gehören abgeschafft. Ein Bullterrier ist nicht gefährlicher oder ungefährlicher als ein Dobermann oder ein Schäferhund.

Ein Heimtierzuchtgesetz halte ich für geboten, zum einen, um Qualzuchten effektiv zu bekämpfen, zum anderen, um das Verpaaren kranker Hunde zu unterbinden. Zwar sind vor allem bei letzterem auch Zuchtvereine und -verbände durchaus erkennbar bemüht, gegenzusteuern. Allerdings muss niemand Mitglied eines Verbandes sein, um Hunde zu züchten. Insofern hilft meines Erachtens nur eine behördliche Kontrolle.

Ferner halte ich es für andenkenswert, eine staatlich anerkannte Ausbildung für Hundetrainer oder -ausbilder einzuführen. Es gibt schließlich – auch wenn der Vergleich nicht zu 100 % passt – die staatlich anerkannte Ausbildung zum Pferdewirt. Wer beruflich mit Tieren umgeht, kann eigentlich gar nicht sachkundig genug sein. Warum daher nicht als Ausbildungsberuf?

11.4 Interview mit Daniel Krieg, einem Zermatter Lawinenhunde-Ausbilder

DANIEL KRIEG

Anlässlich der »Zermatter Hundewelten 2010« führte Barbara Wardeck-Mohr ein Gespräch mit dem Zermatter Lawinen-Hundeführer Daniel Krieg, Ortsgruppenführer für Lawinenhunde-Ausbildung

1. Sie sind Ortsgruppenführer für die Lawinenhundeausbildung in Zermatt. Wie wird man Spezialist für diese anspruchsvolle Aufgabe – und wie kamen Sie selbst dazu?

Daniel Krieg

Als Ortsgruppenverantwortlicher übernimmt man vorwiegend administrative und organisatorische Aufgaben. Der Ortsgruppenverantwortliche wird bei uns in Zermatt nach einem festgelegten Zyklus weitergegeben, was bedeutet, dass jeder erfahrene Hundeführer diese Aufgabe mindestens einmal übernimmt. Die Ausbildung erfolgt größtenteils am jährlichen Oberwalliser Lawinenhundeführer-Kurs. In der Ortsgruppe wird dann das gelernte gemeinsam vertieft und verfeinert.

2. Seit wann arbeiten Sie mit Lawinenhunden und wie viele Hundepersönlichkeiten umfasst derzeit Ihre Hundestaffel?

Daniel Krieg
Mit Lawinenhunden arbeite ich seit 2002. In der Ortsgruppe Zermatt sind momentan sieben einsatzfähige Teams.

3. Könnten Sie vielleicht die Beziehung, die Sie zu Hunden und speziell auch zu »Ihren« Lawinenhunden haben, kurz beschreiben?

Daniel Krieg
Hunde sind sehr treue Begleiter. Es ist schön jeden Tag ihre Freude erleben zu dürfen. Unsere Lawinenhunde arbeiten für ihr Leben gern, da es dabei für sie immer um Spiel, Spaß und Futter geht. Und wir arbeiten mit ihnen gerne, da sie uns mit ihren großartigen Leistungen immer wieder aufs Neue beeindrucken. Da durch die Arbeit und das stetige Training mit ihnen eine enge Bindung entstanden ist, sind sie für uns Lawinenhundeführer/innen echte Freunde.

4. Bitte skizzieren Sie in kurzen Zügen in welchen Etappen die Ausbildung eines Lawinenhundes erfolgt, und was dabei den Hunden alles vermittelt wird?

Daniel Krieg
Ein Team muss zuerst einen Eintrittstest bestehen, der aus einer schriftlichen Prüfung, einer kynologischen und diversen praktischen Arbeiten besteht. Auch einen Konditionstest müssen die Anwärter bestehen. Nach bestandenem Eintrittstest kann das Team dann jeweils im Januar am einwöchigen Oberwalliser Lawinenhundeführer-Kurs teilnehmen, an dem das Team jeden Tag beurteilt wird. Nach bestandenem Kurs ist das Hundeteam mit »Prevet A« einsatzfähig. Das Hundeteam bildet sich nun in der Ortsgruppe über die ganze Wintersaison weiter. Im Folgejahr besucht das Team wieder den Kurs und nach Bestehen dieses, ist das Team mit »Prevet B« einsatzfähig. Im dritten Jahr erreicht das Team bei Bestehen des Kurses das höchste »Prevet C«. Die drei Prevets unterscheiden sich hinsichtlich Suchdauer und Anzahl der Personen und Gegenstände. Jedes Hundeteam gehört einer Ortsgruppe an, in der vom ersten bis zum letzten Schnee intensiv trainiert und weitergebildet wird.

5. Hat die Arbeit mit Hunden auch Sie selbst und Ihr Leben ein Stück weit verändert – beziehungsweise könnten Sie sagen, dass auch Ihre Hunde Sie etwas gelehrt haben?

Daniel Krieg
Mein Leben wird stark von der Hundearbeit geprägt, da ich viel Zeit damit verbringe.

Was ich bei der Ausbildung meiner Hunde lernte, ist bestimmt dass Disziplin und Kontinuität zum Ziel führen.

6. Wie viele Einsätze haben Sie durchschnittlich pro Jahr und mit welchem Erfolg?

Daniel Krieg
Das variiert stark. Es gibt sehr ruhige Winter und andere mit leider vielen, zu vielen Lawinenunglücken. Im Schnitt sprechen wir von etwa sieben Einsätzen pro Saison. Nun was ist Erfolg? Für unsere Hun-

de ist auch eine Leichenbergung ein Erfolg, und das ist leider bei vielen Lawinenunglücken mit Verschütteten der Fall. Die Chance im Leben eines Lawinenhundes eine Lebendrettung eines Vollverschütteten zu erreichen ist klein. Für uns ist aber genau diese kleine Hoffnung der Antrieb immer unsere volle Leistung zu geben.

7. Was waren die größten Momente bei den Einsätzen mit Ihren Hunden in Zusammenarbeit mit der Air Zermatt?

Daniel Krieg

Nun, wir sind in der glücklichen Lage, in Zermatt eine eigene Heli-Basis zu haben. In der organisierten Lawinenrettung ist Zeit der entscheidende Faktor. Nur dank der Air Zermatt können wir das Zeitfenster zwischen Alarmierung und Rettung so klein wie nur irgendwie möglich halten. Die Zusammenarbeit mit der Einsatzleitung, den Piloten, den Ärzten und den Flughelfern der Air Zermatt ist eingespielt und professionell. Für uns ist jeder Einsatz ein großer Moment, da man nie genau weiß, was einem erwartet. Es ist immer wieder faszinierend, wie sicher die Piloten uns auch bei misslichen Verhältnissen – Wind, schlechte Sicht, steiles Gelände etc. – punktgenau an schwierigsten Einsatzorten absetzen und wieder aufnehmen können.

8. Was möchten Sie jedem Hundehalter und auch jedem Bürger ans Herz legen, wenn es um die Beziehung und Kommunikation mit Hunden geht?

Daniel Krieg

Etwas mehr Toleranz von Bürgern mit und ohne Hund, wäre sicher lobenswert.

Lawinenhund in Zermatt im Trainingseinsatz.

11.5 Barbara Wardeck-Mohr im Gespräch mit Herbert Rückert, Polizeihauptkommissar und Vorsitzenden des Tierschutzvereins Mannheim

Herbert Rückert, 59 Jahre, Polizeihauptkommissar aus Mannheim. Seine Arbeitsschwerpunkte sind Umweltdelikte, Betriebsunfälle in der Industrie und bei der Schifffahrt, seine Spezialgebiete Tierschutz und Artenschutz.

Seit 1984 ist er Mitglied des Tierschutzvereins Mannheim und seit vielen Jahren dessen 1. Vorsitzender. Außerdem ist er nebenberuflich Geschäftsführer des Tierheims in Mannheim.

1. Wie schätzen Sie derzeit Mensch-Hund-Beziehungen in unserer Gesellschaft ein?

Herbert Rückert

Ich glaube, nur ein geringer Prozentsatz der Beziehung zwischen Hund und Mensch ist vorbildlich. Bei den Beziehungen, die nicht in Ordnung sind, geht das leider immer zu Lasten der Tiere.

Viele Hundehalter geben sich Mühe und glauben, nur mit Liebe und gutem Futter sei ihr Hund bestens versorgt. In solchen Fällen könnte man den Hunden Besseres wünschen, aber es gibt leider die noch viel problematischeren Fälle, bei denen die Mensch-Tier-Beziehung durch falsche Haltung zum echten Problem wird. Das kann ich wirklich nur schätzen und würde sagen, dass die wirklichen Problemfälle mit Gefahrenpotential für Mensch und Tier unter 10 % der gesamten Hundehaltungen liegen.

Ich bin ständig mit den Amtstierärzten und Behördenvertretern unterwegs, oft auch, um arme Vierbeiner aus desolaten Tierhaltungen zu befreien, wo sie chancenlos verkümmern und zu »sogenannten gefährlichen Hunden« wurden oder mangels Sachkenntnis der Hundehalter einfach nicht mehr bei diesen Menschen bleiben konnten.

Wir beschlagnahmen mit der Behörde jedes Jahr etwa 20 bis 25 Hunde. Die meisten können danach nur durch aufwendige Resozialisierungsmaßnahmen wieder in ein neues Zuhause vermittelt werden.

2. Bitte könnten Sie auch einige Fallbeispiele a) für vorbildliche und b) auch unverantwortliche Hundehaltung anführen, die Sie in Ihrer täglichen Praxis erleben?

Herbert Rückert

Ich kenne aufgrund meiner Tätigkeit sehr viele Hundehaltungen. Die meisten möchte ich trotz vieler schlechter Erfahrungen als gut bis sehr gut bezeichnen. Nur ganz wenige sind aber wirklich vorbildlich. Selbst mit meiner eigenen Hundehaltung kann ich nicht in allen Bereichen Vorbild sein. Mal habe ich zu wenig Zeit für große Spaziergänge und ein andermal gibt's dafür zu viel zu Fressen, hin und wieder bin ich vielleicht nicht konsequent genug.

Immer wieder erlebe ich Hundehalter, die viel »Hundeerfahrung« haben. Jeder von denen ist nach seiner eigenen Einschätzung der beste Hundehalter. Ihre Hunde gehorchen angeblich »aufs Wort«. Schaut man dann hinter die Kulissen, ist die »Maschine Hund« entweder auf dem Hundeplatz oder sie verbringt den Rest ihrer Zeit in einem Zwinger oder im Kofferraum von Herrchens oder Frauchens Auto.

Mit wirklich unverantwortlichen Hundehaltungen habe ich beruflich viel zu tun, da ich in Mannheim bei der Polizei die Tierschutzverstöße bearbeite und mit den Amtstierärzten viel unterwegs bin.

Vor Kurzem haben wir aus einer Mannheimer Wohnung zwei erwachsene Hunde und zwei Welpen herausgeholt. Sogenannte »Tierretter« von zwei verschiedenen Tierschutzeinrichtungen hatten die Tiere aus dem Ausland nach Deutschland geholt und sie bei einer Frau untergebracht, die sich auf ein Inserat als Pflegestelle gemeldet hatte. Die Pflegestelle war von den Tierschützern nicht kontrolliert worden. So kam es, dass die Hunde bei einer vollkommen ungeeigneten Person in einer total zugemüllten Wohnung landeten. Der Frau waren

Monate zuvor ihre eigenen Kinder vom Jugendamt wegen Verwahrlosung abgenommen worden. Jetzt hatte sie wohl Ersatz gesucht. Die Tiere lebten bis zu ihrer Beschlagnahme zwischen Müllbergen und in ihrem eigenen Kot und Urin.

Solche Fälle miserabelster Tierhaltung gibt es in unseren Großstädten leider zu oft. Und – es ist kaum zu glauben – auch diese Tierhalter halten sich für tierliebe Hundefachleute. Das Gezetere bei der Wegnahme der Tiere ist immer groß, weil es die Hunde doch gerade bei ihnen am besten hatten.

In den meisten Fällen, die wir beanstanden müssen, werden Hunde in heruntergekommenen, vollständig verkoteten Zwingern gehalten. In letzter Zeit sind es vorzugsweise Kangals, die in viel zu kleinen Verschlägen gehalten werden und in Matsch, Dreck und Gestank ihr Leben fristen, zwischen unzähligen Hundehaufen und rostigen, leeren Futterdosen und sonstigem Unrat, weil sie nachts auf irgendein Firmengelände aufpassen sollen. Landen solche Tiere im Tierheim, ist eine Vermittlung kaum möglich und viele dieser vierbeinigen Zeitgenossen warten mit Pitbulls und Kollegen oder mit alten Schäferhunden oft jahrelang auf ein neues Zuhause, weil sie keiner mehr will oder weil sie auf Grund auffälligen Verhaltens nicht zu vermitteln sind.

Unverantwortlichkeit beginnt leider oft schon mit dem Erwerb eines Hundes. Zurzeit fallen immer wieder »private« Verkäufer von Hunden auf, die die Tiere schon im Alter von fünf bis sechs Wochen aus Rumänien und Bulgarien nach Deutschland verbringen und hier als eigenen Wurf verkaufen. Die Tiere haben keinen blauen Heimtierpass und meist auch keine Impfung.

Auch beim Hundekauf gilt offensichtlich: »Geiz ist geil.« Viele Käufer achten nur auf den Preis, lassen sich die Muttertiere nicht zeigen und schließen ihren Handel auch noch gutgläubig auf irgendeinem Parkplatz ab. Das glauben Sie nicht? Ich könnte Ihnen viele Anzeigen nennen, wo der Deal genau so ablief, die glücklichen, neuen Hundebesitzer mit ihrem Hund nach Hause fuhren und bald danach gar nicht mehr glücklich waren. Über die Zeitung »Stars and Stripes« für Angehörige der amerikanischen Streitkräfte hatte ein Mann Labrador-Mischlinge billig inseriert. Nach und nach meldeten sich alle Geschädigten bei mir, weil sie sich untereinander kannten und sich die jungen Hunde gegenseitig auch noch vermittelt hatten. Nur einer von vier Hunden hat überlebt. Die anderen mussten vom Tierarzt eingeschläfert werden, ein Tier bereits drei Tage nach dem Kauf. Die Tierhalter haben durch die hohen Kosten für Kauf und Tierarzt teures Lehrgeld bezahlt. Die wirklichen Leidtragenden aber waren die armen Hunde, die als Ware fürs schnelle Geld verschachert wurden. Keiner der vier Hundekäufer hatte die wirkliche Anschrift und den echten Namen des Verkäufers.

3. Was sind aus Ihrer Sicht die häufigsten (auch vermeidbaren) Fehler im Umgang mit Hunden, die oft zu Problemen, wie auch Verhaltenssaufälligkeiten des Tieres und auch zu Beißvorfällen führen können?

Herbert Rückert

Unkenntnis, Dummheit, Ignoranz.

Leider gibt es sehr viele Tierhalter, die mit ihrem eigenen Leben nicht klarkommen und sich dann auch noch einen Hund halten. Familiären Stress, Alkoholismus, oft ungezügelte Aggressionen der Tierhalter können die Hunde nicht verarbeiten.

Es sind in den wenigsten Fällen die Hundehalter, die ihren Hund bewusst aggressiv machen. In den meisten Fällen ist es so, dass die »Tierfreunde« mit der Haltung ihres Hundes einfach überfordert sind. Der Hund kommt nicht raus, ist seelischen Exzessen seiner Besitzer ausgeliefert, die in Stress geraten, wenn der Hund mangels Auslauf in die Wohnung macht oder den gerade eingetroffenen Saufkumpan anknurrt. Dann gibt es Prügel, Einsperren, Dunkelhaft. Und das meist jeden Tag. In den wenigsten Fällen trauen sich die Nachbarn, die Sache anzuzeigen, oft mit dem Argument: »Die Behörde macht ja doch nichts.«

Kommt es dann endlich dazu, dass solche Hunde ihrem Besitzer abgenommen werden, dann sind sie für den Rest ihres Lebens geschädigt. Da helfen auch Resozialisierungsmaßnahmen nur noch für eine oberflächliche Korrektur.

4. Als engagierter Tierschützer ist es sicherlich eines Ihrer Anliegen für Hunde und eine artgerechte Hundehaltung einzutreten. Was würden Sie sich wünschen, was fordern Sie?

Herbert Rückert

Hunde sind nach dem BGB zwar keine Sachen mehr, aber man kann sie an jeder Ecke erwerben. Jeder darf sie kaufen und jeder darf sie verkaufen. Nach dem Tierschutzgesetz darf es dem Tier dabei nicht schlecht gehen, aber das war's dann schon zum Wohle des Tieres. Sonst gibt es für den so genannten privaten Handel keine weiteren Auflagen und Überwachungen.

Dass Sie Ihre Hundesteuer bezahlt haben, müssen Sie nachweisen können. Wenn der Hund mal auf den Gehweg macht, droht eine Strafe, ist der Vierbeiner in der Stadt nicht an der Leine, gibt's ebenfalls ein Bußgeld. Ob ein Tier artgerecht gehalten wird, darf die zuständigen Stellen aber nur interessieren, wenn es bereits zu spät ist. Und auch nur dann, wenn aufmerksame Bürger eine Anzeige erstattet haben.
Die Dunkelziffer der schlimmen, oft tierquälerischen Tierhaltungen ist riesig im Vergleich zu den wenigen Anzeigen, die wir Jahr für Jahr zu bearbeiten haben. Aber man kann als Vertreter von Behörde oder Polizei nicht einfach eine Wohnung oder ein Firmengelände betreten, um eben mal nachzuschauen, wie es mit der Hundehaltung von Herrn Maier steht.

Nur die Anzeigen von Bürgern mit Zivilcourage helfen den Tieren weiter. Darum ist mein Wunsch: »Schauen Sie nicht weg! Zeigen Sie Tierquälerei an!« Und wenn Sie bei den zuständigen Stellen auf taube Ohren stoßen (was leider ab und an vorkommen soll), dann geben Sie nicht klein bei!

5. Wo stehen wir derzeit in der Gesellschaft, sei es bei Haltung und Ausbildung von Hunden oder darin, ihnen gegenüber faire und kompetente Sozialpartner zu sein?

Herbert Rückert

Naja, da komme ich wieder zu meiner einleitenden Einschätzung, dass es den meisten Hunden in privaten Haltungen relativ gut geht. Aber die Veränderungen in unserer Gesellschaft machen sich in erheblichem Maße auch in der Haltung von Tieren bemerkbar. Es geht immer mehr Menschen wirtschaftlich schlecht. Viele leben inzwischen von sehr kleinen Einkommen, Hilfen oder Renten. Die Zahl der gehaltenen Tiere hat deshalb nicht abgenommen, aber die Qualität der Tierhaltungen leidet spürbar an den finanziellen Möglichkeiten.

Ständig werden uns todkranke Hunde und andere Tiere ins Tierheim gebracht, die einfach ausgesetzt wurden. Nicht selten erhalten wir Hunde mit riesigen, unbehandelten Tumoren oder mit kaum mehr in den Griff zu bekommenden Infektionserkrankungen. Diese Erkrankungen haben die Tierhalter natürlich auch erkannt, aber sie haben nicht das Geld, um das Tier behandeln zu lassen. Dann wird die Sache hinausgezogen, bis nichts mehr geht und dann werden die Tiere einfach ausgesetzt, weil man sich nicht traut, dafür geradezustehen.

Die großen Tierheime wurden in den letzten Jahren immer mehr zu großen Krankenstationen. Alleine in Mannheim belaufen sich die Tierarztkosten des Tierheims zurzeit auf jährlich 80.000 Euro.

Gerade hat mich die Krebsoperation bei meinem eigenen Hund »Lukas« 1.200 Euro gekostet. Wie soll man so einen Betrag von einer kleinen Rente oder dem Arbeitslosengeld bezahlen? Hier höre ich immer so schlaue Sprüche wie: »Wer sich's nicht leisten kann, soll sich auch keinen Hund halten.« Sie dürfen mir glauben, dass solche Sprüche nicht die Lösung des Problems sind.

6. Wie würden Sie ein »erfolgreiches Mensch-Hund-Team« beschreiben, wo beide ihrer Art entsprechend glücklich sind?

Herbert Rückert
Ist die Beziehung Mensch und Hund für den Menschen »erfolgreich«, wenn der Hund niemanden beißt, brav bei Fuß geht, auf Kommando »Platz« macht? Oder ist diese Beziehung für den Hund »erfolgreich«, wenn der Hund im Bett schlafen darf, nur vom Feinsten zu fressen bekommt – und zwar dann, wenn er es verlangt – und seine eigene Couch im Wohnzimmer hat?

Zunächst möchte ich das Wort »erfolgreich« für meine Art der Hundehaltung einfach weglassen. Ich suche keinen »Erfolg« in der Hundehaltung. Ich bin auch kein Hundesportler.

Die Hunde gehen ohnedies wie kein anderes Tier auf unsere Bedürfnisse ein. Tun wir es ihnen gleich. Respektieren wir ihre Bedürfnisse. Aber dazu müssen wir diese Bedürfnisse eben kennen. Nur so kann ein vertrauensvolles Team entstehen.

7. Was fasziniert Sie selbst an Hunden?

Herbert Rückert
Dass sie keine Katzen sind. Spaß bei Seite. Ich mag auch Katzen. Die Faszination an Hunden muss ich eigentlich niemandem beschreiben, der selbst Hunde hält. Jeder sieht wohl so seine eigenen Vorteile, aber treffen werden sich alle Begründungen immer bei der Treue, und dass Hunde immer zu einem halten, auch wenn man mal nicht so gut drauf ist. Sie reden nicht über kleine Fehler, sondern verstehen und verzeihen sehr schnell.

8. Was würden Sie von sich selbst im Team mit einem Hund verlangen, um dem Hund gerecht zu werden?

Herbert Rückert
Seine Bedürfnisse zu kennen, darauf einzugehen und trotzdem immer konsequent zu bleiben.

12

Irrtümer und tradierter Unsinn bei der Hundeausbildung und Erziehung

KAPITEL 12

12.1 Voraussetzungen und Bedingungen differenziert betrachten

Nicht nur im Bereich der Human-Pädagogik erhitzen sich die Gemüter seit Menschengedenken über sogenannte richtige »Erziehungsmodelle und Lernformen«. Vor allem aber auch bei der Hundeausbildung und Erziehung haben unterschiedlichste Arbeitshypothesen und »Ausbildungsideologien« exorbitante Ausmaße angenommen. Und selbstverständlich scheiden sich auch oft die Geister an den Ideologien selbsternannter »Hunde-Gurus« und »Hunde-Flüsterer«. Fachleute mit wissenschaftlich solidem Hintergrund sind meist zurückhaltender: Zu Recht! Denn pauschalisierte Erziehungsmodelle und pauschale »Allheilmittel« für unerwünschtes Hundeverhalten gibt es definitiv nicht.

Denn jeder Fall liegt anders. Und jeder Hund ist anders: sei es von der Veranlagung, Genetik oder der Individualentwicklung her. Hinzu kommen viele weitere Faktoren, wie z. B. das Alter, die Gesundheit eines Hundes und vor allem das Beziehungsgeflecht mit seinen Menschen, das ganz entscheidend ist, auch hinsichtlich des Hundeverhaltens.

Stellen wir uns nur einmal vor:

1. Wir selbst seien ein Hund – in einem Fall bei einem Neurotiker, Alkoholiker und emotional instabilem Menschen. Was würde geschehen? Eine normale Entwicklung und Lebensführung wäre für uns gar nicht möglich!

2. In einem zweiten Fall wäre der Mensch zwar bemüht, uns ein guter Hundeführer zu sein, es gelänge ihm aber nur gelegentlich, da er selbst an unkontrollierten Ängsten, Nervosität oder Panikattacken leidet. Auch hier sind die Voraussetzungen für den Hund äußerst problematisch, da sich übergroße Anspannungen und Ängste selbstverständlich auf uns, den Hund, übertragen.

3. In einem dritten Fall leben wir als Hund bei Menschen, die sich zuvor Gedanken darüber gemacht haben, was wir als Hunde-Individuum für Bedürfnisse haben, und unsere Menschen haben gelernt, was sich hinter unserem Ausdrucksverhalten und unserer Vokalisation verbirgt. Die Menschen, bei denen wir leben, sind genauso treu und beständig, wie wir selbst als Hund. Sie wollen auch nicht mit uns imponieren, sondern einfach nur, dass wir ein glückliches Mensch-Hund-Team sind, jeden Tag zusammen viel Spaß haben und achten auch auf unsere gesunde Ernährung und regelmäßige Tierarztbesuche. Außerdem wissen unsere Menschen: »Der Hund lebt nicht vom Brot allein – beziehungsweise vom Fleischtopf!« Deshalb geben sie sich richtig Mühe, uns auch mit Kopf- und Nasenarbeit (fast) jeden Tag richtig zu fördern und zu fordern. Außerdem unternehmen wir viel gemeinsam, vor allem in der Natur. Manchmal gehen wir zusammen in einem See schwimmen, ein anders Mal wandern wir in den Bergen und laufen durch duftende Blumenwiesen, besuchen auch andere Tiere oder tollen im Winter zusammen im Schnee herum. Da wissen wir als Hund doch ganz genau: »Hier sind wir richtig gut dran mit unserem Menschen und führen ein prächtiges Leben!«

12.2 Kontroverse Philosophien für ein Mensch-Hund-Team

Wir kommen damit sehr schnell zu einem Punkt mit verschiedenen Fragestellungen:

1. Sehen wir unseren Hund etwa als Erfüllungsgehilfen für unsere eigenen Vorstellungen und Wünsche, denen sich unser Hund bedingungslos unterzuordnen hat?

2. Oder ist unsere Beziehung von Respekt, Liebe und Verantwortung für unseren Hund bestimmt, in dem Bewusstsein: Auch unser Hund hat ein Anrecht darauf, entsprechend seiner Art, ein gesundes und glückliches Leben zu führen. Auch wenn dies manchmal für uns bedeutet, unsere eigenen Interessen nicht immer uneingeschränkt durchsetzen zu können. Einfacher gesagt: immer wieder Rücksicht zu nehmen auf unseren Hundepartner.

3. Sind wir außerdem bereit, gemeinsam mit und auch von unserem Hund zu lernen und zwar lebenslänglich? Oder sind wir etwa der Überzeugung: Nur der Hund müsse etwas lernen – und zwar von uns.

4. Was halten wir von unseren Hunden hinsichtlich deren Gefühle oder Kognitionsleistungen? Längst ist wissenschaftlich bewiesen, dass auch Hunde durch einen ähnlichen Gehirnaufbau wie wir ihn als Menschen haben, durchaus zu vielfältigsten Gefühlen, nicht nur zu Angst oder Stress-Empfindungen, fähig sind. Hunde verfügen auch über kognitive Fähigkeiten, wie Lernen, Gedächtnis haben, Selektieren oder Vorerfahrungen verknüpfen können. Auch hier wird deutlich: Negieren Menschen diese Zusammenhänge, werden Hunde nicht nur unterschätzt, sondern es bedeutet auch für diese Hunde, dass sie unter menschlicher Dummheit leiden, manche leider tagtäglich!

5. Welches Zeugnis würde mein Hund mir heute ausstellen und für das gesamte Jahr?

6. Außerdem – wie würde mein Hund meine Sprachkenntnisse in der Fremdsprache »Hundisch« bewerten?

7. Wie mag Hunden unsere Lebensweise erscheinen? Führen wir nach deren Ansicht ein Leben mit der »richtigen Schwerpunktsetzung« – oder halten Hunde unsere Lebensweise für eher »am Leben vorbei«? Selbstverständlich haben wir als Menschen andere Belange zu regeln und sind zwangsläufig mit vielem allein zu unserer Lebensorganisation beschäftigt. Aber davon mal abgesehen, wie viel davon ist tatsächlich notwendig und wie viel davon ist überflüssig? Hier wäre mir die Meinung von Hunden doch sehr wichtig!

8. Auch wenn wir den Aspekt »Leben im Hier und Jetzt« betrachten, so wäre es sicherlich spannend, einmal der Frage nachzugehen: Wie steht es mit dem unmittelbaren Erleben – also uneingeschränkt die Momente des Lebens erfahren und aufnehmen im Vergleich zwischen unseren Hunden und uns selbst?

Diese Aspekte und Fragen sind sicherlich nicht nur theoretisch, akademisch oder gar nur spekulativ, sondern sie haben auch den ernst zu nehmenden Hintergrund, wie kann es zu einem Team-Verständnis zwischen Mensch und Hund kommen, wenn gewisse Schnittmengen im Verstehen zwischen beiden Arten gar nicht vorkommen!

12.3 Tradierter Unsinn und Irrtümer in der Deutung von »hundlichem Verhalten«

Auch bei der Hundeausbildung – und Erziehung gibt es leider noch »Lehrmeinungen« – besser gesagt »Leer-Auffassungen« – die von »Ewig-Gestrigen« nach dem Motto »und die Erde ist doch eine Scheibe« vehement verbreitet und verteidigt werden. Nennen wir es einmal »tradierten Unsinn«, der leider auch dazu beiträgt, dass es vielen Hunden damit schlecht geht.

Zunächst einmal ist zu betonen, dass eine gute Beziehung zwischen Menschen und Hunden die Basis für alles darstellt, was wir landläufig unter »Erziehung und Ausbildung von Hunden« subsumieren. Denn Hunde kooperieren mit uns Menschen gerne und dann in einzigartiger Weise, wenn wir ihnen als faire, beständige und berechenbare Partner gegenübertreten. Und selbstverständlich dazu Hunden nicht ihre Grundbedürfnisse als Hund verwehren! Hunde erkennen sehr schnell, wenn Menschen hierbei nicht gradlinig vorgehen. Hunde lassen sich nicht von uns täuschen. In diesem Zusammenhang ist auch hervorzuheben, dass selbst die Diensthundeführer bei der Polizei inzwischen ihren Diensthund – sei dieser nun im Mantrailing-Spürverfahren oder als Spezialist für Sprengstoff- oder Rauschgiftsuche ausgebildet – außerhalb des Dienstes zuhause als Familienmitglied liebevoll integrieren und umsorgen.

Nehmen wir einmal oft verbreitete Irrtümer bei der Einschätzung von hundlichem Verhalten unter die Lupe.

1. Die Vorstellung: »Hunde müssen sich alles von Menschen gefallen lassen!« Wie kommen wir nur auf die Idee, Hunde hätten kein Interesse am eigenen Überleben und unsere Wunschvorstellung über Hundeverhalten könnte deren »genetisch fixierte Verhaltensbiologie außer Kraft setzen«? Leider gibt es für diese Aussage bzw. Fragestellung triftige Gründe. Stellvertretend seien hier angeführt:
   Analysiert man die sogenannten Subtests bei Wesenstests, die zur Überprüfung der Gefährlichkeit eines Hundes in den Bundesländern gesetzlich vorgeschrieben sind, muss konstatiert werden, dass eine Reihe dieser Subtests nicht nur tierschutzrelevant sind, sondern überhaupt nicht geeignet sind, um die Gefährlichkeit eines Hundes festzustellen: Nämlich dann, wenn nicht etwa nur die Alltagstauglichkeit sprich Sozialverträglichkeit des Hundes überprüft werden soll, sondern wenn Landeshundeverordnungen vorschreiben: »Der Hund ist in belastende Situationen zu bringen.« Die Subtests sehen dann in der Praxis folgendermaßen aus: Der betreffende Hund wird angebunden: Menschen schreien ihn im Test wütend an – und/oder schlagen mit Stöcken neben ihm ein; gleichzeitig wird der Halter von seinem Hund getrennt. Oder vor den Augen des Hundes wird ein Feuerzeug entflammt oder ein Regenschirm in einem engen Gang aufgeklappt. Oder er wird von fremden Menschen im sogenannten »Fahrstuhltest« eng umzingelt. Oder ein Radfahrer mit alkoholgetränktem Mantel, mit Hut und Sonnenbrille verkleidet nimmt direkt Ziel auf den zu testenden Hund.

2. Den Hund in den Urin oder Kot mit der Nase tunken, damit er »stubenrein« wird! Was soll der Hund damit verknüpfen oder gar lernen? Hunde haben zu Urin und Kot ohnehin ein anderes Verhältnis als wir Menschen. Hier lernt der Hund nur eines: »Sein« Mensch ist grob zu ihm und zeigt ihm andererseits überhaupt nichts, was dem Hund weiterhilft, um zu verstehen, wo er sich lösen oder urinieren soll. Wie nun vorgehen? Die »Lösung« ist ganz einfach: Sich einfach Zeit nehmen für Spaziergänge und den Hund ausdrücklich loben, wenn er draußen sein »Geschäft« verrichtet. Und zumindest im städtischen

Bereich das Tütchen für den Hundekot dafür mitnehmen!

3. Der »Alphawurf und das Nackenschütteln« sind als sogenannte Erziehungsmethode sträflich! Weshalb? Aus verhaltensbiologischer Sicht von Hunden stellt dies eine schwere bis tödliche Bedrohung dar, die der Hund insbesondere finalen Ernstkämpfen zuordnet. Auch Wissenschaftler wie Eberhard Trumler haben dies in ihrem späteren Forscherleben als Irrtum deklariert. Nackenfellschütteln oder der »Alpha-Wurf« als Disziplinierungs- oder Erziehungsmaßnahme sollte der Vergangenheit angehören. Stattdessen ist eine fachlich qualifizierte Hundeausbildung und Erziehung nach Kenntnissen der Verhaltensbiologie und Kognitionsforschung angezeigt.

Für mich persönlich beginnt Erziehung mit Beziehung und mit Vertrauen zwischen Mensch und Hund!

Und im spielerischem Lernen im Miteinander als Team!

4. Die folgende Frage wird von Hundehaltern sehr häufig bei Hundebegegnungen gestellt: »Ist das ein Weibchen oder ein Männchen?« Damit verknüpften die Fragesteller die unsinnige Vorstellung, dass Hundebegegnungen gleichgeschlechtlicher Art von vornherein problematisch oder unproblematisch seien und auch, dass Begegnungen mit Rüden automatisch problematischer seien als die mit »Hundedamen«. Grundsätzlich gilt: Jeder Hund kann beißen oder ein inadäquates Verhalten zeigen. Und auf uns Menschen übertragen, wäre dies etwa so, als wenn angenommen würde, dass von Frauen kein »Zickenkrieg« ausgehen könnte.

5. Auch die pauschalisierte Aussage: »Mein Hund tut nichts – der will nur spielen – sollten wir näher prüfen!« Das wird sich eben noch zeigen! Hunde zeigen über ihr Ausdrucksverhalten, was sie von der jeweiligen Situation und dem jeweiligen Kommunikationspartner halten. Also gilt es bei Hundebegegnungen als erstes das Ausdrucksverhalten aller beteiligten Hunde in den Fokus zu nehmen. Dieses hängt ja bekanntlich stark von Situation und Kommunikationspartnern und auch von den Reaktionen der Halter ab. Somit sollten wir immer im Einzelfall prüfen, wie wir uns verhalten und ob wir beispielsweise die Hunde zum Spielen ableinen. Und wir sollten uns den anderen Hundehalter dabei auch ansehen, wie er reagiert.

6. Der oft vernommene Spruch: »Das ist alles nur eine Frage der Erziehung!« Weshalb bedarf dieser Satz einer Differenzierung?

Selbstverständlich sind Regelsetzungen und Erziehung im Umgang mit Hunden unumgänglich. Dennoch weiß wohl jeder Hundehalter, auch wenn man seinen Hund gut kennt, unerwartete Reaktionen sind immer einzukalkulieren.

Längst nicht alle Situationen im Leben eines Hundes sind vorhersehbar oder gar trainierbar! In diesen Kontext sind auch Reflexreaktionen bei Bedrohung, einem hohen Level an Angst oder Stress zu stellen, die ein Hund dann zeigen kann. Reflexe und neurovegetative Reaktionen sind überlebenswichtig! Auch wir als Menschen haben es ja nicht unter Kontrolle, wenn wir vor irgendetwas erschrecken oder zusammenzucken!

Insbesondere sind es auch Situationen, die Hunde nicht einschätzen oder nicht mehr aushalten können. Wenn dann noch Verknüpfungen mit alten Mustern und Vorerfahrungen sowie erlittene Misshandlungen oder Traumatas des Hundes hinzukommen, wird es gänzlich problematisch. Und wer weiß schon ganz genau, was sein Hund alles bereits erlebt hat? Das sind eher die seltenen Fälle. Es können auch genetisch fixierte Ängste oder auch erworbene Angststörungen eine Rolle spielen. In diesem Zusammenhang muss auch immer wieder betont werden, dass Hunde nicht unvermittelt – insbesondere nicht von Fremden – angefasst werden sollten. Ebenso wenig sollten wir uns vorne überbeugen, um fremde Hunde zu streicheln und sie dann vielleicht auch noch anstarren. Aus Sicht der Hunde ist das jeweils eine scharfe Bedrohung, die häufig zu Problemen und Attacken gegenüber Menschen führen kann. Auch Eltern lassen ihre Kinder hier oft genug ahnungslos in unverantwortlicher Weise agieren und wissen nicht, welchen Gefahren ihre Kinder damit ausgesetzt sind.

FAZIT:

Das Leben mit unseren Hunden bleibt voller Überraschungen!

Eltern tragen die Verantwortung dafür, dass Kinder sich Hunden gegenüber verantwortungsbewusst verhalten.

7. Ein weiterer schwerwiegender Fehler ist es, wenn verhaltensbiologisch normale und vor allem sinnvolle Reaktionen des Hundes von unwissenden Personen sofort zu einer »Gefährlichkeits-Vorverurteilung« führen und wenn dann sogar noch eine Anzeige erfolgt.

Häufig kommt noch folgende Tragik hinzu: Die Standards von Wesenstests und Gutachtern sind in Deutschland nicht einheitlich geregelt: Fast jedes Bundesland kocht sein eigenes Süppchen! Dabei gibt es auch eine enorme Spannweite bei den Ausführungsverordnungen. Diese reichen bei den Verhaltensüberprüfungen von Hunden – von einem einfachen Spaziergang bis hin zu mehrtägigen Überprüfungen mit fragwürdigen, teilweise tierschutzrelevanten Subtests. Demzufolge gibt es bei der Durchführung und Bewertung von hundlichen Verhalten exorbitante Spannweiten:

In Fachkreisen kursiert zuweilen der Satz: »Fünf Wesenstests, fünf Tester ergeben fünf Testergebnisse bei ein und demselben Hund!«

Schon so manchem Hund wurden diese Wesenstests – ohne dass eine faktische Gefährlichkeit vorlag, geschweige denn, dass er zugebissen hatte, zum Verhängnis! Nicht selten mit tödlichem Ausgang durch die anschließende Anordnung einer Euthanasie; dies nach zum Teil fragwürdigster Begutachtung.

Und wer schützt dann die betreffenden Hunde, wenn diese genötigt und bis an ihre Grenzen per Dienstanweisung! auf unfairste Art provoziert werden? Über Tests, die die Hunde gar nicht bestehen können?

Auch der oft vernommene Spruch »Hunde regeln das schon unter sich!« bedarf einer Überprüfung und differenzierten Klärung. Selbstverständlich kann die Aussage nicht pauschal stehen gelassen werden. Denn es kommt auf viele Faktoren an, »ob Hunde das schon selbst regeln«. Zum Beispiel auf das gezeigte Ausdruckverhalten der Kommunikationspartner, den gesamten Kontext des Kommunikationsgeschehens, z. B. ob die »Stimmung aufgeheizt« ist, wie hoch die Stresstoleranz der einzelnen Tiere ist, ob die Auseinandersetzung mit Territorialverteidigung einhergeht, ob und in wie weit die Hunde gut sozialisiert sind, ob einer der Hunde Zahnschmerzen hat, um nur einige Faktoren zu nennen.

Patentrezepte für sämtliche mögliche Situationen gibt es hierfür ganz gewiss nicht. Jeder Fall, jeder Hund, jede Hundebegegnung ist anders. Es braucht Erfahrung, Wissen und Instinktsicherheit um in solchem Momenten das Richtige zu tun.

Für uns Hundehalter gilt:

- Den eigenen Hund gut beobachten, um sein Verhaltensrepertoire immer besser zu verstehen.

- Außerdem sollten die Grundlagen der Kommunikation mit dem eigenen Hund so erarbeitet werden, dass dieser in möglichen Konfliktsituationen bei Hundebegegnungen – ohne manuelles Eingreifen! – auf ein »ZURÜCK« auch reagiert – und zwar zeitnah!

- Weiterbildung in Theorie und Praxis mit gründlicher Auswahl von Hundeschule/ Ausbilder, Besuch von Fachseminaren. Auch fachlich begleitete Videoanalysen von Hundebegegnungen sind zu empfehlen

- Bei Hundebegegnungen – auch einmal fremde Halter ansprechen – sofern deren angeleinte Hunde einen sozialverträglichen Eindruck machten, ob der Halter Bedenken hat, seinen Hund mit dem eigenen Hund ohne Leine kommunizieren zu lassen.

8. Denn unsere Hunde brauchen Sozialkontakte, auch mit fremden Hunden. Aber die sollten kontrollierbar sein!

9. Der skrupellose und unverantwortliche Einsatz von Teletaktgeräten (Stromfolter) mit der Zielsetzung, den Hund gefügig zu machen oder ihn möglichst schnell und problemlos auszubilden, ist mehr als ein »bloßer Irrtum!«.

Der Einsatz von Teletakt ist hochgradig tierschutzrelevant. Die Anwendung erfolgt häufig noch mit der absurden Begründung: »Es käme auf das Teletaktgerät und auf das »Wissen« des Anwenders an!« Dies ist faktisch falsch, und in jedem Fall ist die Anwendung von Teletakt zur Anzeige zu bringen!
Denn Stromfolter stellt eine schwere Körperverletzung an Hunden dar und kann nicht genug angeprangert werden. Da hierbei auch physikalische Zusammenhänge wie die Fellfeuchtigkeit oder der Gesundheitszustand des Hundes eine erhebliche Rolle spielen, können ohnehin niemals irgendwelche Unbedenklichkeitsprognosen abgeben werde.

Jeder, der sich mit medizinischen Befunden nach Anwendung von Teletakt bei Hunden beschäftigt, wird begreifen, wie unverantwortlich Stromfolter ist. Ergo sind es unverantwortliche Sprüche, die nicht im Geringsten die Straftat ungeschehen machen oder abmildern können. Denn vor dem tierschutzrelevanten Einsatz von Stromfolter an Hunden – dies wird nach wie vor in manchen Kreisen als Erziehungsmaßnahme mit hoher Wirkung propagiert« – kann nicht genug gewarnt werden. Dies untermauert auch die aktuelle Rechtssprechung. Ein BGH-Urteil sieht deshalb bei Anwendung von Teletaktgeräten mit bis zu 25.000 Euro Strafe vor – im Wiederholungsfall sogar bis zu drei Jahren »Knast« im Justizvollzug. Dies vor dem Hintergrund, dass Gutachten eindeutig belegen: Nach Anwendung von Stromfolter leiden Hunde z. B. an schweren Herz-Rhythmus-Störungen, an Epilepsien, permanent verdrehten Augen oder auch an Verhaltensstörungen!

10. Ein oft folgenschwerer Irrtum ist es, einen Hund unbeaufsichtigt, nur mal kurz, wie es so schön heißt, vor dem Eingang eines Supermarktes oder anderen Geschäften anzubinden. In diesem Zusammenhang ist nicht nur darauf hinzuweisen, dass der Hund gestohlen werden kann, was oft genug passiert, sondern, dass es dabei häufig auch zu gravierenden Zwischenfällen kommt. Einige Beispiele seien hier genannt: Fremde Kinder kommen vorbei und wollen den angeleinten Hund streicheln, was dieser aber oft nicht wünscht, und sogar als bedrohliche Distanzunterschreitung sieht und daraufhin zuschnappt. Ebenfalls kommen häufig Passanten, auch Mütter mit ihren Kinderwagen, Skateboardfahrer oder schreiende Kinder in die unmittelbare Nähe des Hundes, der dann erhebliche Stress-Symptome

zeigt, die aber meist niemanden interessieren oder gar nicht erst wahrgenommen werden. Der Konflikt oder sogar Beißvorfall ist vorprogrammiert. Und wieder ist es dann in aller Regel der Hund, der das Ganze – »unverschuldet auslöffeln« muss! Denn meist wird ihm, dem Hund, Bissigkeit und Gefährlichkeit zur Last gelegt. Dies, obwohl der Halter hier ganz eindeutig seine Aufsichtspflicht verletzt hat.

11. Der fachliche Unsinn von »sogenannten dominanten Hunden« sei an dieser Stelle ebenfalls genannt. Wohl jeder kennt den Spruch: »Das ist aber ein dominanter Hund!« Fachlich ist das Unsinn. Dominantes Verhalten ist stets und ausschließlich Ausdruck von Momentaufnahmen, also hinsichtlich einer bestimmten Beziehung und in einem bestimmten Kontext zu einem anderen Hund, Tier oder auch Menschen. Dies häufig außerdem zur Ressourcenverteidigung. Es wird z.B. durch einen Hund A einem anderen Hund B der »Weg verstellt« oder es werden andere bewegungseinschränkende Maßnahmen durchgeführt. Bereits im nächsten Augenblick kann der Hund A gegenüber einem anderen Hund C ein submissives Verhalten zeigen.

12. Überholt ist auch: Der Mensch geht grundsätzlich vor dem Hund aus der Tür. Dies um seine Vorreiterstellung im Mensch-Hund-Team zu demonstrieren. Es kann zwar Sinn machen, dass wir als Halter als erster durch die Türe gehen, wenn z. B. fremde Besucher an der Haustür stehen oder die Gartentür noch offen ist, aber als grundsätzliches Dogma ist es Unsinn. Des weiteren ist unsinnig, dass der Mensch als »Rudelführer« zuerst vor seinem Hund eine Mahlzeit einnimmt und der Hund so lange wartet. Was sollen Hunde lernen, wenn Menschen vor ihrer Nase stundenlang ein 5-Gang-Menü verspeisen, welches dem Hund in die Nase steigt und ihm aus den Lefzen der Speichel über Stunden tropft?

Vielleicht wird nur erreicht, dass Hunde sich dabei quälen und Menschen als asoziale Lebewesen empfinden. Denn schauen wir uns in der »freien Wildbahn« bei den Wölfen um: Hier dürfen sogar die Kleinen und Schwachen auch einmal den »Alpha-Tieren«, was nichts anderes als Eltern-Tiere bedeutet, das Futter »stibitzen«, ohne hierfür gar bestraft und gemaßregelt zu werden. David Mech beobachtete bei geschlossenen Wolfsrudeln in 13 Jahren im kanadischen Ellesmere Island weder einen Beschädigungskampf, noch die Vernachlässigung von schwachen und oder kleinen Wölfen. Im Gegenteil, wenn das Futter knapp war, bekamen sie oft sogar zuerst etwas!

13. Der menschliche Ausspruch »dem Hund zeigen wollen, wo der Hammer hängt!« Wie sollen Hunde das begreifen können? Wolfs- und Hunde-Eltern erziehen ihren Nachwuchs konsequent, liebevoll und spielerisch. Selbst kleine Verhaltenskorrekturen laufen über spielerische Sequenzen, wobei das Spiel – auch mit Austausch von Zärtlichkeiten durch die Älteren – dann nicht unterbrochen wird! Wir als Menschen dürfen nicht vergessen, dass wir völlig andere Sozialisierungsprogramme als unsere Hunde durchlaufen! Leider meist tendenziell mit ausgeprägter seelischer oder körperlicher Gewalt durch »Erziehungsberechtigte«!

Hieraus resultieren reihenweise »Erziehungsunfälle«, die Menschen oft ein Leben lang mit sich herumtragen und die oft genug »weitergereicht« werden …! Die Frage nach einer glücklichen Kindheit erübrigt sich dann in diesem Kontext!

Aus diesen unterschiedlichen Sozialisierungsmustern von Menschen und Kaniden ergeben sich nicht nur unterschiedliche Formen des »sozialen Lernens«, sondern auch unterschiedliche Fähigkeiten mit Konflikten umzugehen.

Obwohl Hunde und andere Kaniden Meister der Konfliktlösung sind und ihre Gewaltbereitschaft weit besser unter Kontrolle als wir Menschen haben, propagieren leider noch immer einige Hundehalter und auch manche »Hunde-Experten« den Gewalteinsatz bei der sogenannten Hunde-Erziehung und -Ausbildung!

Unglaublich! Denn was bedeutet dies in der Praxis? Der »schlecht sozialisierte Kommunikationspartner Mensch« will dem »gut sozialisierten Kommunikationspartner Hund« – gewaltsame Sozialisierungsprogramme »verpassen« und darauf hinwirken, dass der Hund ebenso »fehl-funktioniert«, wie dieser als asozialer Kommunikationspartner selbst! Leider klappt dies dann auch in der Praxis zuweilen, wenn plötzlich Hunde durch diese unverantwortlichen »Gewalt-Programme« plötzlich angeblich »unberechenbar« werden!

Plötzlich unberechenbar? Auch diese Deutung ist wiederum fachlich völlig untauglich. Denn bei dem plötzlich sichtbar »verhaltensveränderterm Hund« wurde eine Verhaltensstörung durch Menschen aktiv induziert oder sogar beim Hund ein Trauma ausgelöst!

14. Die durch Politik, Gesetzgebung und Gesellschaft propagierte unhaltbare Auffassung, dass Hunde bestimmter Rassen von vornherein – also quasi schon bei Geburt – gefährlich und deshalb lebenslang Maulkorb- und Leinenzwang zu unterwerfen seien, ist wissenschaftlich unhaltbar! Fakt ist: Unter jeder Rasse gibt es potentiell einzelne gefährliche Hundeindividuen. Gefährlichkeit einer gesamten Rasse zu unterstellen ist genauso unhaltbar, als würde man alle Eskimos oder Menschen mit negroiden Zügen von vornherein als gefährlich stigmatisieren. Das zeigen auch weltweit alle Beißstatistiken: Nicht etwa Rassen wie Pitbull, Bullterrier oder Staffordshire Terrier stehen hier an erster Stelle, sondern es sind Rassen, wie Schäferhund, Schäferhund-Mischling oder Dobermann. Sogar Hunderassen wie z.B. Labradore liegen weit vor den sogenannten Rasselisten-Hunden. Diese werden durch Politik, Gesetzgebung oder auch reißerische Medienkampagnen als »Sündenbock« für menschliches Versagen aller Art in unverantwortlicher Weise benutzt, um davon abzulenken, dass unsere Gesellschaften nach wie vor nicht bereit sind, sich auf entsprechend vorgeschriebener Rechtsgrundlage für den Sozialpartner Hund zu qualifizieren. Wir sehen gerade in der Hundepolitik, dass wir dem Mittelalter offensichtlich noch nicht entronnen sind – nach dem Motto: »Und die Erde ist doch eine Scheibe!«

FAZIT:

Fakt ist: Nirgendwo auf der Welt konnten durch Festlegung von Hunderassenlisten oder durch Euthanasie von bestimmten Hunderassen Beißvorfälle verringert werden.

Es geht also nicht um irgendwelche Hunderassen, sondern es geht um verantwortliche Haltung und Ausbildung von Hunden und um qualifizierte Hundehalter. Vor allem geht es aber um gesunde und sozialverträgliche Hunde.
Wie ist dies zu erreichen?
Dazu brauchen wir ein Heimtierzuchtgesetz, Heimtierkunde ab dem 1. Schuljahr und einen Sachkundenachweis für JEDEN Hundehalter.

Kurzum: Dazu gehört auch, Vorurteile zu überwinden: nämlich, dass bestimmte Hunderassen »per se gefährlich seien«!
Dies gilt übrigens auch für das Vorurteil über die sogenannten »bösen Wölfe«. Wölfe sind friedliche und hochsoziale Raubtiere, wobei der Mensch gar nicht auf deren »Speisekarte« steht!
Über die Mär vom »bösen Wolf« werden Kinder bereits vor Wölfen in Angst und Schrecken versetzt und negative menschliche Seiten, wie Verschlagenheit, Hinterhältigkeit oder ungezügelte Gewaltbereitschaft werden »einem anderen Lebewesen »zugedichtet«.
Längst hätte das Märchen vom »Rotkäppchen und dem Wolf« umgeschrieben werden müssen — vielleicht in den Titel »Der gute Wolf und das böse Rotkäppchen«.

15. Ein weiteres Thema gehört auf den Prüfstand: Die »Welpen-Spielstunde«. Gegen »Welpen-Spielstunden« als solches ist selbstverständlich nichts einzuwenden, wenn adulte sozialverträgliche Hunde mit von der Partie in diesen Spiel-Runden sind. Aber wie oft werden die Welpen sich selbst überlassen, lernen dann in der Gruppe keine Kommunikationsregeln, wie gesetzte Grenzen zu respektieren oder Abstand zu halten. Dann sind spätere Probleme im fortgeschrittenen Alter dieser Tiere oft an der Tagesordnung: Da diese »Anarchie-Kids« keine Regeln gelernt haben – was gleichzeitig aber als ihre »Lebensversicherung« notwendig ist, kommt es später oft zu problematischen Zwischenfällen. Vor diesem Hintergrund ist die umsichtige Auswahl von Hundeschulen und Trainern unerlässlich!

16. Das Vorurteil: »Umso länger wir mit unseren Hunden trainieren, desto besser!« Wir sollten unsere Hunde fördern, dürfen sie aber nicht überfordern. Der Schaden, der durch zu lange Trainingseinheiten entstehen kann, wird oft unterschätzt! Es gibt hierfür auch keine Faustregel, allerdings sind zuträgliche Trainingseinheiten – je nach Alter und Befindlichkeit des Hundes – eher kürzer als länger zu wählen. Oft sind nur wenige Minuten das Richtige Maß. Bei Neukonditionierung eines Hundes, z. B. zur Überwindung einer leichteren Angststörung (schwere Symptomatiken gehören in die Hände von Verhaltensspezialisten!), darf die Konfrontation mit einer angstauslösenden Situation oft nur wenige Sekunden dauern und auch nur in dem Maße erfolgen, dass der Hund dabei lediglich Unruhe bzw. eine gewisse Anspannung erlebt. Bei Nichtbeachtung dieses Zusammenhanges würde sogar ein Schaden und Rückschritt für den Hund entstehen, eventuell sogar irreversibel!

17. Die Überzeugung ein Hund darf nicht auf dem Sofa liegen oder im Bett schlafen, da er sich sonst für den Rudel-Führer hält und seinen Menschen somit dominiert, sollte näher betrachtet werden. Für den Hund ist ein Sofa oder ein gemütliches Bett eine angenehme Ressource, wenn er diese schätzen gelernt hat. Dies ist ebenso der Fall wie bei uns Menschen. Nimmt man uns die Ressource, gehen wir auf die Barrikaden! Hunde verteidigen entsprechend auch zuweilen ihre Ressourcen, wenn wir ihnen keine angenehme Alternative bieten. Selbstverständlich sollten Hunde es akzeptieren und nicht zuschnappen, wenn wir die Verteilung von Ressourcen ändern.

Nicht zu vergessen: Hunde halten gerne im Rudel Körperkontakt, auch mit Schnauzen-Zärtlichkeiten. Haben wir dies bisher unserem Hund gestattet, nämlich mit uns Couch und Bett zu teilen, dürfen wir davon ausgehen, das Hunde von unseren Änderungsplänen nicht gerade begeistert sind, wenn damit plötzlich Schluss ist. Deshalb sollten wir uns das Ganze vorher überlegen, was wir unserem Hund gestatten und was nicht!

Die Liste von tradiertem Unsinn und Irrtümern bei Hundehaltung, Erziehung und Ausbildung kann beliebig fortgesetzt werden. Dies stellt nur einen Auszug dar, der durchaus individuell ergänzt werden kann!

13

Mindeststandards für die Kommunikation mit unseren Hunden

KAPITEL 13

13.1 Was erfolgreiche Kommunikation mit unseren Hunden auszeichnet

Um erfolgreich zu sein – gleich auf welchem Gebiet – ist es unabdingbar, entsprechende Grundlagen einzubringen, die allerdings zunächst erlernt werden müssen. Niemand wird »einfach so« ohne die Entwicklung bestimmter Fähigkeiten ein Stabhochspringer, Biathlet oder Schachmeister. Auch wenn wir eine Fremdsprache erlernen, ist das ein längerer Prozess. Wohl niemand würde davon ausgehen, Russisch, Portugiesisch oder Chinesisch »ganz nebenbei« erlernen zu können. Wollen wir nun sogar mit einer »fremden Art« – also mit unseren Hunden kommunizieren, ist es ebenfalls ganz besonders wichtig, dies mit fachlichen Grundlagen – nennen wir es einmal Mindeststandards – zu tun! Dazu gehören – wie in der folgenden Übersicht vorgestellt:

- Profunde Kenntnisse über die Verhaltensbiologie sowie das Ethogramm (Verhaltensinventar) und auch die Funktionskreise von »hundlichem Verhalten«
- Kenntnisse über das komplexe Ausdrucksverhalten und die Vokalisation von Hunden zu erwerben, um sich als Dialogpartner für Hunde zu qualifizieren!
- Grundzüge aus der Kommunikationspsychologie von Mensch und Hund
- Auseinandersetzung mit den kognitiven Fähigkeiten von Hunden
- Selbstklärung und Zielklarheit im Dialog mit Hunden: Was will ich vermitteln und was nicht?
- Gutes Beobachten des Hundes und »differenziertes Zuhören«: Was will mein Hund mir mitteilen?
- Ebenso: Beachtung der Rückkoppelungssignale meines Hundes! Und: Hat er meine Botschaft verstanden bzw. überhaupt verstehen können?
- Welche Fehler sind unbedingt zu vermeiden? Beispielsweise: Lob oder Tadel dem Hund erst Minuten später zu vermitteln, wenn dieser das Feedback nicht mehr zuordnen kann. Dies ist Hunden nur in direktem Kontext binnen 2–3 Sekunden möglich.
- Selbstkontrolle über die »Meta-Ebene«: Was ist mit mir selber los? Bin ich geduldig, ungeduldig, habe ich falsche Erwartungen oder Ansprüche an meinen Hund?
- »Was mache ich mit mir, wenn die Kommunikation oder das gemeinsame Lernen mit dem Hund nicht gleich funktioniert?«
- Eigene emotionale Intelligenz fördern und insbesondere auch bei Zielkonflikten im Dialog mit unseren Hunden einsetzen!
- Lebenslanges Lernen im Dialog mit unserem Hund als Aufgabe begreifen!
- Erfahrungen sammeln und diese systematisch und kontextbezogen auswerten!
- Keine Patentrezepte erwarten, sondern nach individuellen Lösungen suchen!
- Werte definieren für den Umgang mit Hunden. Diese sollten getragen sein von Intuition, Empathie, Respekt und Liebe!
- Zuverlässigkeit, Berechenbarkeit und Beständigkeit in der Partnerschaft mit Hunden leben!

Wir sind als Hundehalter dazu verpflichtet, uns Gedanken über die spezifischen Bedürfnisse unserer Hunde zu machen. Wir haben es in der Hand, dass es ihnen gut geht und sie ihr Leben in vollen Zügen mit uns gemeinsam genießen.

Labrador Retriever sind gutmütige und freundliche Hunde. Sie lieben das Wasser und das Apportieren.

13.2 Kardinalfehler im Kommunikationsprozess mit unseren Hunden

Es ist kaum möglich, alle denkbaren Fehler aufzulisten, die gemacht werden können. Dennoch sollen einige häufig zu beobachtende Fehler an dieser Stelle genannt werden. Wichtig es ist, sich der eigenen Fehler im Umgang mit Hunden gewahr zu werden. Unterbleibt dies, wird die Kommunikation immer schwieriger und die Beziehung zwischen Hund und Mensch kann auch sehr schnell problematisch werden. Oft wird dann sogleich von einem »schwierigen Hund« gesprochen. Festzuhalten ist, nicht der Hund ist »schwierig«, sondern die Kommunikation ist fehlerhaft und belastet! Dies kann nicht dem Hund angelastet werden, da Hunden durch unklare menschlichen Kommandos oder auch Widersprüchlichkeiten die Orientierung fehlt.

Mögliche Kardinalfehler sind:

- Hunde zu unterschätzen und sie zu unterfordern oder aber auch sie zu überfordern

- Falsche unrealistische Erwartungen an den Hund haben, wie z. B. das »So-Sein« von »hundlichen Normalverhalten« abändern wollen

- Mangelnder Respekt und fehlende Würde vor dem Hund und vor seiner Persönlichkeit

- Häufige Fehler sind auch: Ansprache an den Hund erfolgt mit schriller Stimme, ohne Intonation oder ohne mit ihm Blickkontakt aufzunehmen

- Das Nichtbeachten von Rückkoppelungssignalen des Hundes

- Ein weiterer Fehler ist es auch »den Hund zuzutexten«

- Hunde nach dem »Exterieur« oder nach Modekriterien auswählen bzw. anschaffen

- Sich keine Gedanken über die spezifischen Bedürfnisse eines Tieres, auch entsprechend der Rassezughörigkeit, Alter oder nach dem Gesundheitszustand des Tieres machen

- Hund überfordern durch Reize, Menschen oder auch dem Tier »keine Rückzugsmöglichkeiten« schaffen

- Dem Hund eine Ansprache, Beschäftigung oder auch Kopf- und Nasenarbeit verweigern. Wenn Hunde sich permanent tödlich langweilen und keine Ansprache haben, dies bestätigen auch Tierärzte, ist dies gleichzeitig tierschutzrelevant!

- Übertragung von eigenen Ängsten, schlechter Stimmung oder auch Stress auf den Hund

- Rigorose, gewaltsame Erziehungsmethoden sind grundsätzlich strikt abzulehnen!

- Hunden keine angemessene Ernährung, Pflege, Beschäftigung oder tierärztliche Versorgung zukommen lassen

- Hunde durch Zigarettenkonsum »zuqualmen« oder mit Lärm »beschallen«

- Nicht wissen, weshalb man einen Hund hat!

13.3 Was wir von unseren Hunden lernen können

Viele Menschen gehen erstaunlicherweise davon aus, Lernen sei etwas Einseitiges! Was in dem Fall bedeuten würde: Hunde lernen grundsätzlich nur von Menschen und fertig! So einfach ist das allerdings nicht. Im Gegenteil!

Der Australian Shepherd wurde für die Hütearbeit gezüchtet. Hunde dieser Rasse gehören nur in die Hände von aktiven, sportlichen Besitzern, die die Hunde beschäftigen und auslasten können.

Hunde und Menschen sind nicht nur von der Sinnesphysiologie, sondern auch von zahlreichen Fähigkeiten her unterschiedlich ausgestattet. Während Hunde für uns keine Steuerklärung erstellen können, fehlen uns Menschen wiederum zahlreiche Fähigkeiten, die Hunde besitzen. So werden wir als Menschen niemals in der Lage sein, 40 verschieden Sprengstoff- oder Rauschgiftarten zu orten oder mit unserer Nase zu unterscheiden. Wir werden auch nicht anzeigen können, wo lawinenverschüttete Personen liegen oder wenn im Ober-Rheintalgraben in den nächsten Stunden ein Erdbeben naht. Schon gar nicht ohne Technik! Diese Liste ließe sich beliebig fortsetzen. Damit ist auch klar und nachvollziehbar, dass wir als Menschen selbstverständlich von unseren Hunden eine Menge lernen können!

Was ich von Hunden lerne:

- Bedingungslose Treue und Beständigkeit,
- Liebe »ohne Buchführung«
- »Eins-zu-eins-Kommunikation«: »Das Wort der Hunde gilt!«
- Klarheit in der Kommunikation.
- Kommunikation ohne Tarnen, Täuschen und Taktieren!
- Leben im Hier und Jetzt!
- Freude am Leben, am Spiel, am Abenteuer
- Lernen »die Welt, die Natur mit den Augen meines Hundes zu sehen!« (Im Rahmen meiner Möglichkeiten!)
- Erfahren, dass es »neben meiner Welt« noch andere spannende Welten gibt
- Zu begreifen, dass vieles von uns Menschen am Leben »vorbeigeht«!
- Meine eigenen Werte zu überdenken
- Auseinandersetzung mit meinen eigenen Gedanken und Gefühlen
- Begreifen, dass wir als Menschen – aus Sicht des Hundes – von unserer sinnesphysiologischen Ausstattung her »schwerstens benachteiligt sind«
- Respekt vor den Fähigkeiten eines Hundes
- Das Weltbild und die Hybris, die Überheblichkeit des Menschen gegenüber anderen Mitgeschöpfen zu überdenken
- Die große Dankbarkeit, mit Hunden leben zu dürfen
- Zu erfahren, dass »Menschlichkeit und Herzlichkeit« zutiefst »hundliche Eigenschaften sind«!
- Dazu gehört auch zu verstehen, dass wir als Menschen das soziale positive Lachen über die stammesgeschichtliche Entwicklung – insbesondere mit unseren Hunden entwickelt haben. Hunde – und das ist wissenschaftlich belegt – lächeln keiner anderen Art gegenüber. Nur gegenüber uns Menschen!

14

Menschen und ihre Hunde

KAPITEL 14

14.1 Standortbestimmung

Eine der wichtigsten Fragen ist sicherlich auch: Wo stehen wir derzeit gesellschaftlich bei der Hundehaltung? Dies auch im internationalen Vergleich. Die Antwort ist äußerst komplex und wird von vielen Faktoren bestimmt. Insgesamt gesehen hat die Bedeutung des Hundes in den letzten Jahrzehnten an Stellenwert deutlich zugenommen. Auch das Wissen über Hundeverhalten, Pflege und Ausbildung von Hunden verbessert sich kontinuierlich. Aber ist das genug, in Anbetracht dessen, dass Hunde auch oft »als Weihnachtsgeschenk« angeschafft und dann wieder ausgesetzt werden? In Anbetracht dessen, dass Qualzucht weiterhin verbreitet ist oder Hundekäufe aus »Hundefabriken« ungehindert durchgehen und auch »als Wühltischwelpen« verschachert werden? Meist sind die Tiere krank und von niedriger Lebenserwartung. Bei der sogenannten Qualzucht werden Hunde wie Chihuahuas zum Teil sogar ohne geschlossene Schädeldecke gezüchtet, damit sie dann leichter sind, um in das Dekoltee gewisser Damen zu passen. Dies um den teuren Preis, dass bei vielen Hunden, nicht nur bei dieser Rasse Geburten nur noch über Kaiserschnitt möglich sind! Auch Hunde, die nach dem sogenannten »Kindchen-Schema« gezüchtet werden, zahlen für »menschlichen Zuchtwahn« mit ihrer Gesundheit: Sie haben ein flaches Gesicht mit zum Teil nur äußerst eingeschränkten Atemfunktionen, die dann oft in aufwendigen Operationen wieder teilweise korrigiert werden, damit Hunde nicht das Leben eines Asthmatikers führen müssen. Auch sind oft die Augen nicht mehr fest in den Augenhöhlen verankert durch diese flachgezüchteten Gesichtsformen. Durch einseitige Zuchtselektionen wird auch der »genetische Sicherheitsgürtel« bei Hunden immer enger, mit der Folge, dass es zu gravierenden Auswirkungen auf die Gesundheit, aber auch auf das Verhalten der Hunde kommt, ebenso mit verkürzter Lebenserwartung bei verschiedenen Rassen, wie z. B. dem Dobermann oder dem Berner Sennenhund. Beim Dalmatiner wird die angeblich so schöne Tüpfelung im Fell häufig mit Taub- und Blindheit oder anderen gesundheitlichen Einschränkungen »erkauft!« Kaum jemandem ist bekannt: »Wer Fellfarben züchtet, nimmt damit auch Einfluss auf die Gesundheit und das Verhalten von Hunden!« Auch beim Schäferhund sind die eingeknickt gezüchteten Hinterläufe »Menschenwerk«.

Das kann jeder erkennen, wenn man das heutige Aussehen von Schäferhunden mit denen des vorherigen Jahrhunderts vergleicht! Auch die Hüftdysplasie spielt in diesen Zusammenhängen eine Rolle. Leider fehlt es nach wie vor ganz klar an der gesellschaftlichen Verantwortung und meist auch dem Wissen des Einzelnen, um solche Qualzuchten zu boykottieren und auch direkten Einfluss auf Zuchtverbände zu nehmen. Ein Bewusstsein, dass so die Hunde »kaputt gezüchtet werden«, beginnt sich erst langsam durchzusetzen und eine Korrektur wird unter anderem an den ersten Rückkreuzungen, z. B. mit dem Tschechoslowakischen Wolfshund, versucht. Zuchtverbände sehen inzwischen auch beim Schäferhund die Notwendigkeit eine Kurskorrektur einzuleiten. Hier ist außerdem anzumerken, dass gerade beim Schäferhund in den letzten Jahren positive Entwicklungen eingeleitet wurden.

14.2 Urbanisierung – und was dies für Hunde bedeutet

Stellen wir uns nur einen Moment vor, wir seien einer der etwa 5 Millionen Hunde, die in New York zwischen den Wolkenkratzer-Schluchten, inmitten von Lärm und Dreck und von Mülleimern leben müssten – oder unter Bedingungen wie in Tokio oder Bombay.

Aber auch in deutschen oder anderen Großstädten Mitteleuropas – neben sechsspurigen Autobahnen, wo Tag und Nacht Schwertransporter vorbeibrettern oder rund um die Uhr Güterzüge tosenden und quietschenden Lärm verursachen, bedeutet das Leben für unsere Hunde Stress ohne Ende. Zudem leben viele von ihnen in Hochhäusern und werden »nur mal zum Austreten« oder bis zum nächsten Zigarettenautomaten ausgeführt. Hier werden Hunde oft eindeutig weniger »zum eigenen Vergnügen oder Wohlergehen« gehalten als zur Erbauung oder gar Lebensbewältigung ihres Besitzers.

Zur Statistik

Inzwischen werden weltweit etwa 800 Hunderassen gezählt. Deutschland ist im internationalen Vergleich bei der Zahl der gehaltenen Hunde je 100 Einwohner bzw. Haushalt insbesondere auch in Europa noch nicht einmal führend, sondern liegt nur im Mittelfeld, z. B. hinter den Benelux-Ländern.

14.3 Das Elend mit den Hunderasselisten, die effektive »Gefahrenabwehr« sogar verhindern

Wie ausgeführt, werden nicht nur in deutschen und österreichischen Bundesländern, sondern auch in Schweizer Kantonen Hunde bestimmter Rassen von Geburt an unter den Generalverdacht der Gefährlichkeit gestellt – mit der Auflage »meist lebenslanger Maulkorb- und Leinenzwang!« Dies ist für die Tiere eine unzumutbare Härte! Maulkorb und Leinenzwang in der Öffentlichkeit ist nur bei faktisch gefährlichen – also nachweislich bissigen Hunden – gerechtfertigt: Hunde werden auch oft erst über das lebenslängliche Tragen von Maulkörben problematisch, da sie ihr Kommunikationsrepertoire mit anderen Tieren nicht einüben können. Diese Auflagen verhindern keine Beißvorfälle, sondern gaukelt in der Öffentlichkeit nur eine Scheinsicherheit vor! Dies an Stelle der notwendigen gesetzlichen Auflage, dass jeder Hundehalter – gleich welchen Hund er hält – sich zu qualifizieren hat, indem er einfache Grundkenntnisse über Hundehaltung nachweisen muss. Immerhin hat die Schweiz dies seit einigen Jahren durchgesetzt über einen verpflichtenden Sachkundenachweis (SKN). Die ethologischen Zusammenhänge für hundliches Verhalten sind wie ausgeführt, äußerst komplex und unterliegen vielfältigen Zusammenhängen in verschiedenen situations- und stimmungsabhängigen Kontexten. Damit sind sie ebenso abhängig von Umwelteinflüssen, Sozialpartnern, gesundheitlichen Zusammenhängen oder nicht zuletzt dem aktuellen Stresslevel. Rasselisten hingegen übergehen vollständig diese Zusammenhänge und kriminalisieren Hunde bestimmter Rassen a priori – bereits von Geburt an. Wie ausgeführt, benötigen wir keine Rasselisten, sondern neben Fachwissen eine Curriculare Berücksichtigung von »Heimtierkunde als Schulfach«, ein Heimtierzuchtgesetz und auch eine Bundes-Dokumentationsstelle für Beißvorfälle, die deren Ursachen und Zusammenhänge wissenschaftlich auswertet. Die Ergebnisse können dann wiederum über Filme und Informationsbroschüren der Öffentlichkeit zugänglich gemacht werden.

14.4 Menschliche Fehler im Umgang mit Hunden müssen nicht sein!

Trotz zahlreicher Beispiele von Hundehaltern, die sich als vorbildliche Hundeführer erweisen, bleibt festzuhalten:

Nach wie vor ist die Fehlerquote im Umgang mit Hunden in unserer Gesellschaft deutlich zu hoch! Wohl jeder, der ein wenig genauer hinschaut, erlebt tagtäglich mindestens eine Situation, wo Menschen Konflikte mit Hunden – meist völlig unwissentlich – selbst schaffen!

Unangetastet der vielen Hundehalter, die vorbildlich mit ihren Hunden umgehen, bleibt dennoch die Feststellung: Oft lang und lückenlos ist die Liste von Fehlern in unserer Gesellschaft im Umgang mit Hunden – entweder aufgrund fehlender Kenntnisse, aus Ignoranz oder aus Selbstüberschätzung!

Selbstverständlich müssen wir lernen, Hunde in ihrem Ausdrucksverhalten, in ihrer Vokalisation, kurzum in ihrer gesamten Verhaltensbiologie durch profundes Fachwissen zu verstehen! Damit geht der Aufruf an Bürger, Hundehalter und Gesetzgeber: Nehmt Hunde ernst, lernt Hunde zu verstehen und schützt Hunde vor menschlicher Willkür!

Ergreifen wir als Menschen die Chance für einen wunderbaren Dialog im Hund-Mensch-Team – geprägt von gemeinsamem Lernen mit Achtsamkeit, Liebe und Respekt! Dann kann die Mensch-Hund-Beziehung zu einer einzigartigen Super-Symbiose werden!

15

Nachbetrachtungen zur Beziehung Mensch und Hund, allen Mitgeschöpfen und unserer Welt

KAPITEL 15

Vielleicht ist es längst an der Zeit, dass wir uns als Spezies Mensch einige Fragen über uns selbst stellen sollten:

1. *Wie gehen wir mit dieser Welt und ihren Mitgeschöpfen um?*

2. *Wer gibt uns das Recht, dies so zu tun – außer wir uns selbst?*

3. *Wie würde unser Handeln vor einem »Gerichtshof der Tiere« beurteilt?*

4. *Wer überprüft menschliche Dogmen und Ideologien?*

5. *Sind menschliche Maßstäbe evolutionsbiologisch sogar gegenstandslos?*

16

Literaturverzeichnis

Literaturverzeichnis

Henry R. Askew:
»Behandlung von Verhaltensproblemen bei Hund und Katze«,
Parey Buchverlag,
Berlin, Wien 2003

J.R. Arvner & M.D. Baker:
»Dogs bites in Urban children«,
Pediatrics, 1988

Immanuel Birmelin:
»Schlauer Hund – so fördern Sie, was in ihm steckt«,
Gräfe und Unzer-Verlag,
München 2007

Maria Costantino:
»Handbuch der Hunderassen«,
Bassermann-Verlag,
Verlagsgruppe Random House GmbH,
München 2005

Irenäus Eibl-Eibesfeldt:
»Grundriss der vergeichenden Verhaltensforschung«
Piper-Verlag,
München, Zürich 1980

Dorit Feddersen-Petersen:
»Ausdrucksverhalten beim Hund«,
Franckh Kosmos-Verlag,
Stuttgart 2007

Dorit Feddersen-Petersen:
»Hundespsychologie«,
Franckh Kosmos-Verlag, Stuttgart 2004

Dorit Feddersen-Petersen:
»Kampfhunde«,
Naturwissenschaftliche Rundschau 2 1992

Dorit Feddersen-Petersen:
»Verhaltensstörungen bei Hunden – Versuch ihrer Klassifizierung«,
Dt. Tierärztliche Schreiben 1998

Dorit Feddersen-Petersen:
»Hunde und ihre Menschen«,
Franckh Kosmos-Verlag,
Stuttgart 1992

Werner Freund:
»Zwischen Zähnen und Klauen«,
Gollenstein-Verlag, Merzig 2011

Eva Heidenberger:
»Der unverstandene Hund«,
Verlagsgruppe Weltbild, Lizenzausgabe,
Augsburg 2005

Hessischer Landtag; Drucksache 16/235

Landesbeiß-Statistiken Rheinland-Pfalz von 2001, 2002, 2003, 2004

Konrad Lorenz:
»Das sogenannte Böse – zur Naturgeschichte der Aggression«,
DTV München 1963

David Mech:
»The Wolf, the ecology and behaviour of an endangered species«,
1977

David Mech:
»The Arctic Wolf, living with the pack«,
1988

David Mech:
»Wolves of the High Arctic«,
1992

David Mech:
»Leadership in Wolf Packs«,
2000

Jeffrey M. Masson:
»Hunde lügen nicht – die großen Gefühle unserer Vierbeiner«,
Verlagsgruppe Weltbild, Lizenzausgabe,
Augsburg 2004

Desmond Morris:
»Dogwatching – die Körpersprache des Hundes«, Wilhelm Heyne-Verlag, München 2000

Joan Palmer:
»Die farbige Enzyklopädie der Hunde«, Karl-Müller-Verlag, Köln 2004

Anita Roscher:
»Vorkommen von Angstverhalten bei Hunden in der tierärztlichen Praxis – Darstellung und Möglichkeiten einer angst-und stressarmen Behandlung« Dissertation München 2005

Wolf-Dieter Schmidt:
»Verhaltenstherapie des Hundes«, Schlütersche GmbH, Hannover 2002

Sabine Schroll, Joel Dehasse:
»Verhaltensmedizin beim Hund«, Enke Verlag, 2007

Rupert Sheldrake:
»Der siebte Sinn der Tiere«, Verlagsgruppe Weltbild, Lizenzausgabe, Augsburg 2006

Manfred Spitzer:
»Selbstbestimmen – Gehirnforschung und die Frage: Was sollen wir tun?«, Spektrum Akademischer Verlag, Heidelberg, Berlin 2004

Irene Sommerfeld-Stur:
»Kampfhunde – gibt's die?« Veterinärmedizinische Universität Wien 2001

Eberhard Trumler:
»Mit dem Hund auf du«, 11. Auflage 2004; Piper Verlag 2004

Eberhard Trumler:
»Meine wilden Freunde«, Gesellschaft für Haustierforschung, Wolfswinkel 2002

Andrea Weidt:
»Hundeverhalten – Das Lexikon«, RORO-PRESS-Verlag AG 2005

Philip G. Zimbardo:
»Psychologie«, Springer-Verlag, Berlin, Heidelberg 1992

Bildnachweis:
©Matthias Balzer/PIXELIO: S. 111; ©BeatM/PIXELIO: S. 99; ©H. Braun/PIXELIO: S. 56; ©Christine Braune/PIXELIO: S. 86; ©Stephan Franz-Xaver Dietl/PIXELIO: S. 7 u.li.; F. Erb: S. 85; ©Thorsten Freyer/PIXELIO: S. 71; ©Susanne Friedrich/PIXELIO: S. 94; Jennifer Gambietz: S. 31, 117, 127; ©Martina Goslar/PIXELIO: S. 19, 63 u.,105; Magdalena Grenz: S. 13, 61, 66,135; ©Torsten Gudescheit/PIXELIO: S. 45; ©Oliver Haja/PIXELIO: S. 17 u.li., 76, 82, 186; ©Günter Havlena/PIXELIO: S. 168; ©Sabine Heinemann/PIXELIO: S. 6; ©Kerstin Hoffmann/PIXELIO: S. 17 o.; José 16©www.fotolia.com: S. 114; ©Regina Kaute/PIXELIO: S. 104, 107; ©Daniela Klaghofer/PIXELIO: S. 83; ©Alfred Krawietz/PIXELIO: S. 132; Gerald Kuiper: S. 122; Liana©www.fotolia.de: S. 53; ©Mandy/PIXELIO: S. 17; ©Manuela Michel/PIXELIO: S. 129; ©mondstein/PIXELIO: S. 119; ©Doris Opitz/PIXELIO: S. 11; ©PeTA Deutschland e.V./PIXELIO: S. 188; ©Roland Peter/PIXELIO: S. 73; Prinz Steve©www.fotolia.de: S. 108/109; Tanja Ritter/PIXELIO: S. 18 u.li.; M.roberta/PIXELIO: S. 87; ©Feline Rupprecht/PIXELIO: S. 166; ©Helmut J. Salzer/PIXELIO: S. 14; Franziska Schneider: S. 3, 4 o., 22, 23, 63, 64, 95, 130; Carola Schubbel©www.fotolia.com: S. 26, 139; ©Carmen Schwarz/PIXELIO: S. 184; Margrit Siegel: S. 4 u., 29, 33, 34, 35, 36, 37, 38, 41, 49, 55, 58, 81; ©Ivan Slezak/PIXELIO: S. 141; ©sokaeiko/PIXELIO: S. 17 u.re.; ©Klaus Steves/PIXELIO: S. 97; ©Anita Stöwesand/PIXELIO: S. 42; ©Jan Tornack/PIXELIO: S. 7 o.li.; ©Rolf van Melis/PIXELIO.de: S. 144; ©Sylvia Voigt/PIXELIO: S. 96; Barbara Waas: S. 7re., 15, 16, 18 li.u., 20, 30, 46, 52, 60, 84, 88, 90, 93, 102, 116, 124, 125, 126, 163, 175, 176/177, 178, 179, 180/181, 187, 192; ©wandersmann/PIXELIO: S. 136; Barbara Wardeck-Mohr: S. 8, 9,12, 21, 28, 47, 48, 50, 77, 78, 80, 131, 133,143, 145, 161, 173, 183, 189, 191; ©zaubervogel/PIXELIO: S. 18 o.; Dora Zett©www.fotolia.com: S. 100; ©Kerstin Ziebandt/PIXELIO: S. 24

Zur Verfügung gestellte Fotos von:
Werner Freund (S. 13, 61, 66, 135), Daniel Krieg (S. 153, 155), Herbert Rückert (S. 156), Lars-Jürgen Weidemann (S. 150).